动物王国探秘

动物谜团

谢宇　主编

花山文艺出版社

河北·石家庄

图书在版编目（CIP）数据

动物谜团 / 谢宇主编. -- 石家庄 ：花山文艺出版
社，2013.4（2022.2重印）
　（动物王国探秘）
　ISBN 978-7-5511-0893-5

　Ⅰ．①动⋯ Ⅱ．①谢⋯ Ⅲ．①动物－青年读物②动物
－少年读物 Ⅳ．①Q95-49

中国版本图书馆CIP数据核字(2013)第080217号

丛 书 名： 动物王国探秘
书　　名： 动物谜团
主　　编： 谢　宇
责任编辑： 冯　锦
封面设计： 慧敏书装
美术编辑： 胡彤亮
出版发行： 花山文艺出版社 （邮政编码：050061）
　　　　　　　（河北省石家庄市友谊北大街 330号）
销售热线： 0311-88643221
传　　真： 0311-88643234
印　　刷： 北京一鑫印务有限责任公司
经　　销： 新华书店
开　　本： 880×1230　1/16
印　　张： 10
字　　数： 170千字
版　　次： 2013年5月第1版
　　　　　　2022年2月第2次印刷
书　　号： ISBN 978-7-5511-0893-5
定　　价： 38.00元

⋯⋯ 前 言 ⋯⋯

　　动物是生命的主要形态之一，已经在地球上存在了至少5.6亿年。现今地球上已知的动物种类约有150万种。不管是冰天雪地的南极，干旱少雨的沙漠，还是浩渺无边的海洋、炽热无比的火山口，它们都能奇迹般地生长、繁育，把世界塑造得生机勃勃。

　　但是，你知道吗？动物也会"思考"，动物也有属于自己王国的"语言"，它们也有自己的"族谱"。它们有的是人类的朋友，有的却会给人类的健康甚至生命造成威胁。"动物王国探秘"丛书分为《两栖爬行动物》《哺乳动物》《海洋动物》《鱼类》《鸟类》《恐龙家族》《昆虫》《动物谜团》《珍奇动物》《动物本领》十本。书中介绍了不同动物的不同特点及特性，比如，变色龙为什么能变色？蜘蛛网为什么粘不住蜘蛛？鲤鱼为什么喜欢跳水？⋯⋯还有关于动物世界的神奇现象与动物自身的神奇本领，比如，大象真的会复仇吗？海豚真的会领航吗？蜈蚣真的会给自己治病吗？⋯⋯

　　为了让青少年朋友对动物王国的相关知识有更好的了解，我们对书中的文字以及图片都做了精心的筛选，对选取的每一种动物的形态、特征、生活习性及智慧都做了详细的介绍。这样，我们不仅能更加近距离地感受到动物的迷人、可爱，还能更加深刻地感受到动物的智慧与神奇。打开丛书，你将会看到一个奇妙的动物世界。

丛书融科学性、知识性和趣味性于一体，不仅可以使青少年学到更多的知识，而且还可以使他们更加热爱科学，从而激励他们在科学的道路上不断前进、不断探索！同时，丛书还设置了许多内容新颖的小栏目，不仅能培养青少年的学习兴趣，还能开阔他们的视野，扩充他们的知识量。

编者

2013年3月

目 录

远古动物之谜

陆生动物之谜

空中动物之谜

水生动物之谜

远古动物之谜

恐龙之"最"

最早的恐龙

美国亚利桑那州的硅化木公园发现了距今约2.25亿年且大小、质量约90千克的恐龙化石。

体重最大的恐龙

巨体龙体长约40米，重约140吨。巨体龙化石发现于印度南端泰米尔纳德邦的蒂鲁吉拉伯利东北的一个村庄。发现巨体龙化石的地层被估计是在白垩纪早期，它一直生存至7 000万年前的中生代末期。发现的化石包括臀部骨骼（肠骨及坐骨）、部分股骨、胫骨、桡骨及一节尾椎的椎体。

巨体龙的胫骨长2米，虽然巨体龙的肱骨并不完整，据推断有2.34米长。

如果巨体龙的体重估计值正确，则只有蓝鲸能与之相比，有记载的最大的蓝鲸估计长33.5米、重177吨。

身体最长的恐龙

梁龙可能是迄今为止身体最长的陆地动物。

梁龙的骨架已经被完整地发掘出来，可以看到梁龙的身体即使不完全伸展，也能达到27米长。它们的脖子就有8米长，尾长达到13.7米，有人说它们的身体构架就像一座悬梁桥一样。

重龙的身体可能和梁龙一样长。它们与梁龙有亲戚关系，但它们二者的身体结构却大不相同。有些科学家说，当重龙抬起头时，身体内的血液可能无法流向头部，所以当它们伸直脖子去吃大树上的叶子时，动作必须要快，吃到叶子后马上就要低头。

最小的恐龙

迄今为止，美颌龙可能是已知的最小型的恐龙。

可别以为所有的恐龙都是大个子，美颌龙就长得很小巧，身长仅约0.6米，和一只鸭子差不多大，脖子修长、灵活，前肢短，后肢长，尾巴也比较长。它们的头骨中间有气洞，因此，身体变得更为轻巧。它们的牙齿小巧玲珑，弯曲而又非常尖锐，所有下颌的牙齿都长在眼窝之前。

在德国发现的一具美颌龙的化石中，人们还找到了一具蜥蜴的骨骼化石，它显然是这只美颌龙生前的最后一顿美餐。

蜥蜴是美颌龙的主食，只要是在美颌龙出现的地方，凡是躲闪不及的蜥蜴们都难逃厄运。即使是在空中飞行的小昆虫，美颌龙的爪子也能飞快地把它们抓住、碾碎，然后吃掉。

1861年，第一具美颌龙的化石在德国巴伐利亚省索伦霍芬石板的石灰岩中被找到。

人们第一次认识了这种恐龙世界中最小的恐龙。

有的恐龙可能比美颌龙还小，但因为化石证据和资料并不完整，目前还无法确认。比如跃足龙是一种行动敏捷的锐齿食肉恐龙，体长可能只有60厘米，站起来也只约20厘米高。另外还有一些恐龙的幼体也很小，如鹦鹉嘴龙幼体的体长只有25厘米，刚出壳的原蜥脚类恐龙也只有20厘米长。

食量最大的恐龙

腕龙身长20多米，总重量达50吨，食量无与伦比。科学家们根据恐龙在上亿年前留下的粪便化石，知道了腕龙的食量。腕龙一次拉的粪便高达1米余，可见它的食量有多大。

比腕龙食量稍差一点的是虚幻龙。人们一般把虚幻龙叫作"雷龙"。它也是生活在侏罗纪时期的恐龙，最早在北美洲被发现，体重超过20吨。一头牛的重量还不到0.5吨，它就像40头牛摆在你面前，你可以由此想象雷龙巨大的身躯。

在恐龙家族中，食量排在第三位的是达马拉龙。达马拉龙属于蜥脚类恐龙，最早在我国被发现。它们看起来像长颈鹿，体重达20吨。

跑得最快的恐龙

对恐龙来说，速度是很重要的。在恐龙的世界里，有的肉食性恐龙发展着它们的利齿、利爪，而有的则发展着它们的猎食速度。其中最善于跑，而且跑得最快的便是鸸鹋龙，一种长得像鸸鹋的恐龙。

鸸鹋龙是白垩纪时期的兽脚类长跑冠军。喙状的嘴里没有牙齿，颈部比较长，尾巴较硬，奔跑的时候尾巴向后伸直。

鸸鹋龙被发现于加拿大，身长约3.5米，在肉食性恐龙中，它们只能算是偏小型的恐龙。但它们的奔跑速度极快，每小时约65千米。

科学家是如何计算鸸鹋龙的奔跑速度的呢？原来，他们是根据脚印化石来判断的。鸸鹋龙在远古的大地上留下了相距很远的脚印，说明它们每跑一步的步幅很大，步幅一大，速度就快了。而那些脚印隔得很近的动物，它们的速度就比较慢。

鸟和恐龙的关系

鸟类是由恐龙演化而来的吗？几十年前，专家们并不认为它们两者之间有任何关联。这主要是因为，以前的专家认为恐龙没有胸骨，而鸟类有很发达的胸骨，因此鸟类不可能是由恐龙演化而来。鸟类胸骨的主要功能，是使其翅膀骨骼的关节连接在正确的位置。但是现在，我们已经知道许多恐龙的确具有胸骨，其中大多是肉食性恐龙。争议是在始祖鸟化石出土以后产生的，始祖鸟生存在1.5亿年前，它和鸟类一样具有羽毛，但仍保留了许多爬行动物的特征，例如现代鸟类所没有的牙齿。

有人还发现始祖鸟和肉食性的腔骨龙至少有20个以上的相同点。所以，始祖鸟究竟是鸟，还是带有羽毛的恐龙？或者是恐龙和现代鸟类之间的过渡生物？至今仍无定论。

恐龙的祖先

　　恐龙生活在距今1亿多年以前的地球上，它们雄踞地球的时间长达1.6亿年，在此之前，曾有无数的物种生存过，在此之后，又有无数的物种在不断进化，直到今天。

　　恐龙最早出现于三叠纪晚期，因此它们的祖先只能生活在二叠纪或三叠纪早期。具有双孔类型头骨的，是一种被称作"槽齿类"的小动物，叫"杨氏鳄"，它们是在南非二叠纪晚期的地层里发现的，样子有点像现代的蜥蜴。它们有瘦长的身子、细弱的四肢，是一种肉食性动物。头骨构造轻巧，有两个颞颥（指头颅两侧靠近耳朵上方的部分）孔，此外还保存着很多原始的特征：如有耳凹，耳凹一般是两栖动物的特征；牙齿不仅长在颚的边缘，而且还长在腭骨上；同时

还保存有松果体。中生代以后繁殖起来的各式各样的双孔类爬行动物很可能都是从这类小动物分化出来的。

在我们追溯槽齿类的进化路线时，在三叠纪早期的地层中找到了一种动物，它被命名为"尤派克鳄"，体长约1米，背上有两行甲板，假如把杨氏鳄的头骨放大、加高，那么，它们两个的头骨是很相似的，只是尤派克鳄多了一个眼前孔。当然尤派克鳄已经有了很大的进步，它头上的松果体已经不存在了，因此有人认为可能是晚二叠纪的杨氏鳄进化到三叠纪的尤派克鳄。

尤派克鳄的牙齿在齿槽中，因此也属于槽齿类。腰带上的三块骨头已经具有三射型，前肢短而后肢长。可能有这样一些小动物，在它们追捕食物的时候，常常会将前肢抬起而用后肢奔跑，经过这样长期的适应变化，后肢便渐渐变得长而有力，并成为主要的运动器官，前肢相应地退化成了辅助性的运动器官。这样必然会引起全身结构的变化，身体升起，支点转移到臀部，重量压在腰带上，腰带变得坚强，彼此愈合得很坚固，因此也就需要一条长长的尾巴来起平衡作用，使后肢直立起来。这样，无疑改变了原来双孔类动物的身体结构。恐龙的早期类型恰好是一个改造了的槽齿类，所以，有人推测恐龙可能是由槽齿类进化而来。

一位恐龙学者曾大胆地推测恐龙祖先的模样：一种用双足行走的小动物，体长1.5~2米，用短前肢抓东西或爬行，身材矮小；用后肢支撑身体和运动，足踝有接点，臀部有开孔。1988年，这种类型的动物在南美的阿根廷被找到，它就是黑瑞龙。

恐龙个子大的原因

我们知道，大象是体型很大的动物，但若把它们放在长二三十米的蜥脚类恐龙的身旁，则好比小巫见大巫。

为什么有些恐龙长得那么大？这对它们的生存到底有什么好处？

有人认为，爬行动物与哺乳动物的生长方式不一样。哺乳动物快速长到成年阶段后就不再生长，之后就会逐渐衰老直至死亡。它们的寿命比较短，个头一般都不大。

但大型爬行动物却具有无限的生长力，只要它们没有死亡，一生都在慢慢地长个子。作为大型爬行动物的蜥脚类恐龙估计能活200年，200年都在不停地生长，个头自然就会长得很大。这是过去相当流行的观点。

那么，躯体庞大在生存上是否有好处呢？人们对此也是各有各的观点。

有的说，在中生代这种特定的环境中，身躯庞大对生存竞争是有利的。例如蜥脚类恐龙的庞大身躯，本身就具有防御功能。

另一种观点认为，动物躯体太大并没有什么好处。体大的动物肚皮大，需要大量食物才能把肚皮填饱。一旦环境变坏、食物缺乏，首先饿肚子的就是大型动物。

还有一种观点认为，部分恐龙长得很大的原因较多，有本身遗传的原因，也有外部环境的原因。中生代时，地球气候温暖湿润，植物生长茂盛，食物非常充足，这种优越的自然环境，对恐龙向大个子方向的演化十分有利。现在的地球气候已非恐龙时代可比，所以现在没有体型很大的动物。

国外有学者说，通过计算，在大块头的蜥脚类恐龙生活的时代，地球大气中的二氧化碳浓度特别大，是现在的7~8倍。可以理解为高浓度的二氧化碳造成了极强的温室效应，使整个地球变暖。当时地球上几乎没有温差，造成许多地区的植物群落相似。这种异常温暖的气候有利于植物的生长，且相似植物的广泛分布，为恐龙提供了巨大的食物资源。

恐龙的智力

恐龙有智力可言吗？现在许多新的发现证明，恐龙并不是人们以往描述的那种头脑简单、四肢发达的愚笨之物。

从恐龙化石的研究中我们知道，恐龙的脑子与庞大的身躯简直无法相比，但是从动物进化的解剖学方面分析，任何一种大型的脊椎动物与和其有关的小型脊椎动物相比，都有一个相对较小的脑部。这是因为，脊椎动物躯体大小的增长快于脑部大小的增长。许多生物学的材料证明：脑子增长的速度大约只等于身体增长速度的2/3。由此看来，包括恐龙在内的爬行动物有相对较小的脑子也就不足为奇了。

那么，恐龙的智力又是如何确定的呢？这是应用数学的方法测量恐龙的"脑量商"而得出的。"脑量商"是根据恐龙的体重、脑量及现生爬行动物的脑量大小按一定的公式计算出来的。脑量商越小，就越蠢笨；脑量商越大，则越聪明。

经测量，马门溪龙等蜥脚类恐龙的脑量商低，只有0.2～0.35。它们是一类行动迟缓、笨手笨脚、灵活性较差的植食性恐龙。敌人来了，那么它们或躲进深水之中逃命，或依仗自己个子大，别人奈何不得而无动于衷。

甲龙和剑龙的脑量商为0.52～0.56，虽说不上有多聪明，但却不像蜥脚类恐龙那样蠢笨。肉食性恐龙来犯时，它们能甩动长有骨刺或尾锤的尾巴给敌人以颜色。

角龙的脑量商在0.7～0.9之间，在植食

性恐龙中算得上是较有心计的一类,大敌当前,它们敢于针锋相对,发起冲锋,奋力一搏,而且动作灵活迅速。

在植食性恐龙中,最有智慧的当属鸭嘴龙。它们的脑量商为0.85~1.5。鸭嘴龙虽然没有什么能打击敌人的武器,但嗅觉灵敏、视力好且非常机警,发现敌情能迅速躲避。鸭嘴龙靠自己的这点"小聪明",与不共戴天的敌人——霸王龙周旋了一代又一代。

恐龙和哺乳动物一样,吃肉的总比吃植物的有更高的脑量商。

大型肉食性恐龙——霸王龙和其同类的脑量商达到1~2,显示出肉食性动物天生就比植食性动物聪明。小型肉食性恐龙中的恐爪龙脑量商超过5,是霸王龙的3.4倍,尽管它们的个子比霸王龙小得多,但却比霸王龙机敏灵巧,捕起植食性恐龙来也格外凶猛、神速。它们的后裔窄爪龙的脑量商又比它们高了一个档次。

剑龙的体型有大象那样大,但头却很小。它们的脑子只有一个核桃那么大,重约100克。小小的脑子无法完成指挥全身的重任,所以它们的臀部长了一个神经球。神经球比真脑要大20倍,其作用是主管腿和尾的运动。

臀部那个膨大的神经球真的和脑的作用一样吗? 对此科学家们尚无一致的看法。以上说法,也只是一种推测。

可见,脑量商不仅是衡量恐龙智力的尺度,也是对它们生活习性的一种具体反映。从脑量商的差异上也使我们相信:恐龙并不笨,它们能在地球上生存1亿多年就是最有说服力的证明。

非洲巨兽与恐龙

在非洲大陆上，几百年来一直流传着一种有关神秘巨兽的传说。

1776年，德国科学家爱帕·里凡在其著作中写道："我们发现一种从未见过的巨兽足迹，足迹的周长为11米，但两足迹之间的距离竟达2米！"

1880年，法国动物学家霍恩报道："……这种巨兽生活在沼泽和湖泊中，土著居民称之为'亚哥尼尼'，足迹有3个趾，非常巨大。"

1912年，世界著名的动物采集家卡尔·哈京贝克在《野兽与人》一书中写道："在罗德西亚境内生活着一种前所未知的巨兽，有人在不同的地方目睹过它。"的确，在非洲中部的一些史前洞穴画中就有这种巨兽的形象，很像雷龙。

1913年，德国科学考察队队长冯·斯坦因报道：在刚果的桑格河流域据说有一种巨兽，体型超过了河马，有一根又细又软的脖子和一条极像鳄鱼尾的尾巴。它在湖中常常打翻当地居民的独木舟，但不吃人，白天爬上岸来寻觅食物，以一种蔓生植物为食。

传说中的非洲巨兽很像早在六七千万年前就绝迹了的恐龙。

这个消息一传出，特别振奋人心！几十年来，许多科学家不断深入非洲密林进行探索，希望能揭开这个谜底。

1979年，美国芝加哥大学动物学家波尔和生物学教授迈克尔决定对这种神秘的巨兽做一

次科学考察。

1980年4月，他们不畏艰苦，跋山涉水，进入刚果的热带雨林，这里人烟稀少，到处是地图上找不到的湖泊、沼泽和森林。

一位名叫法利曼的当地人告诉他们：他14岁那年在依皮纳地区见过这种巨兽，它的皮肤是红棕色的，脑袋和蛇一样，脖子将近3米长。

迈克尔教授拿出一本动物学图谱让他辨认，法利曼指着一张食草恐龙图谱说："就是它！就是这样的，它至今还在那儿，人们常在午后的河中看到它。"

这次探险，迈克尔教授收集到了巨兽的足迹，并采集了食物标本，还获得了大量目击者的第一手资料，这些目击者所描述的巨兽与雷龙非常相似。

他们回国后，经过详细研究发表文章说，看来传说中的巨兽确实存在，而且可能是某种幸存至今的恐龙。

1978年，法国有一个科学家探险队进入了非洲刚果原始森林中一个名叫"泰莱湖"的沼泽区，希望能找到当地人口中所说的恐龙。可是很不幸，直到现在，这支探险队也不见有人从沼泽中生还归来。

到了1981年，无所畏惧的美国雷古斯特兹探险队又一次进入了这一地区，他们曾五次看见"恐龙"出没，六次听见它的叫声。探险队拍了很多照片，并录下了"恐龙"的声音。

刚果的一支国家探险队于1983年再次进入该地区。2名队员发现离湖岸300米以外有活"恐龙"。它背部宽阔，头很小，脖长3米，体长12米，皮肤灰而有光，还长着尾巴。他们对准它，拍完了摄影机中的胶片。

当今地球如果真的存在活恐龙，那将是一个巨大的发现。将是统治地球1亿年的庞大家族的孑遗，一个极其珍贵的活化石。

恐龙的复活

即使这个世界上一条活恐龙也找不到了，那也没关系。因为随着科技的发展，人类有可能目睹恐龙复活。1981年，美国专家从一个琥珀切片里，清楚地观察了生活在4 000万年前的蚋蚊，其细胞结构保存完好。这一发现触发了他们的灵感，从细胞中可以找到远古生物的遗传信息，破译出这些密码便能运用生物基因工程再造地球远古的居民。

可是，琥珀是古代松脂的小化石，只能包裹昆虫、树叶和一些小型爬行动物，不可能找到藏有恐龙的巨大琥珀。美国柏克利加州大学的波纳教授说："每个细胞核里都含有复制本身的遗传指令，所以只要找到一个完整的恐龙细胞核便能进行复制研究，而恐龙的细胞核又可以在刚叮过恐龙的蚋蚊体内找到。"因此，科学家们急需发现一颗形成于白垩纪时期的琥珀，并且里面正好藏着一只刚吸取了恐龙血的蚊子，这是复制恐龙最起码的条件。

柏克利加州大学的几位专家已经组成了一个"失去DNA研究小组"，他们近年来已获得了几项突破性的进展。如果这一试验成功，人类将能目睹恐龙的真实面貌。

恐龙种类繁多的原因

恐龙家族的成员形形色色，让人眼花缭乱。但在恐龙刚出现时，却没有这么多种类与区别，因为它们实际上只有一个祖先。它们的祖先个头不大，用两足行走，长着尖利的牙齿和锐利的脚爪，属肉食性动物。据说，样子看上去和在阿根廷发现的最老的恐龙——始盗龙差不多。

但后来经过长期的演化，恐龙家族不断涌现出面貌各异、形态离奇的新种类。正像哺乳动物一样，早先也只有一个像小老鼠似的祖先，后来逐渐进化出了大量不同的种类，像牛、羊、狗、狼、虎、狮、象、海豹、鲸等。这种进化方式叫作"分支进化"或称"辐射进化"。恐龙之所以会由一个祖先演变出那么多不同的种类，就是分支进化的结果。

分支进化是物种进化最重要、最基本的进化方式。通过长期的分支进化，就会使一个物种在时间的推移中，逐渐辐射演化出很多形态千差万别、生活方式各异的后代。恐龙是这样，哺乳动物是这样，其他生物也是这样。也正是由于分支进化，才造成了地球生物的多样性。

地球上自然环境的差异是恐龙等物种分支进化的外部条件。地球上不同地区的环境千差万别，即使同一地区的环境也总是处在不断地变化之中，多种多样的生活环境对恐龙进化过程的影响是相当大的，其导致的结果就是进化出的种类越来越多。当然，这要以遗传变异为基础，否则进化是无法完成的。

恐龙灭绝的时间

  有人说，恐龙是在6 500万年前灭绝的，但这也仅仅是一种推测。在漫长的地质年代里，时间的最小单位就是百万年。要想得到一个确切的时间是非常困难的。

  以前所挖掘的恐龙化石，都是从富含稀有元素铱的薄层黏土下面的地层中发现的，而这层黏土是公认的白垩纪时期结束的标志。黏土层之下是中生代最后一个纪——白垩纪；黏土层之上是新生代第一个纪——第三纪。

  按灾变论的观点，富含铱的黏土层是小行星与地球碰撞的产物，当然也有人认为是火山喷发或超新星暴发的产物。看来当时地球上的确发生过某种突发的灾变事件。但美国贝克莱大学的地质学教授克利门斯在蒙大拿州白垩纪末期的地层中发现的富含铱的地层比最后出现恐龙化石的层位高出3米。因此，克利门斯教授认为，在富含铱的黏土层形成之前，恐龙就已经在地球上消失了。如此看来，恐龙的灭绝发生在小行星撞击地球的大灾难之前。

  小行星碰撞理论的创立者阿尔瓦雷斯

反驳道：蒙大拿白垩纪末期最后那3米厚的沉积物中，真的没有恐龙化石了吗？也许只是尚未找到而已。

最令人惊奇的是，由美国的研究人员在对美国西北部蒙大拿州白垩纪与第三纪沉积层的研究中发现，有7种恐龙的牙齿化石保存在第三纪早期的地层里，而且与当时的哺乳动物和植物化石共存。研究小组由此提出，恐龙并未在6500万年前全部灭绝。

但是，这种推论一发表，就有人提出了反对意见。他们认为发现于第三纪初期的恐龙牙齿化石或许是风化再沉积的产物。也就是说，它们原先是中生代地层中的化石，后经地质运动搬运被混入第三纪的沉积物中。因此，仅凭牙齿化石还不能说明恐龙一直活到了第三纪。

然而，中国科学院的恐龙专家在中国南方的第三纪地层中也找到了第二套恐龙化石。化石有恐龙蛋、足迹和牙齿化石。据研究，这些恐龙生活的年代比蒙大拿州发现的恐龙化石的时间还要略晚一些。因此有人推测，世界上最后一批恐龙，有可能是在中国南方灭绝的。但恐龙灭绝的具体时间，至今还是个谜。

陆生动物之谜

哺乳动物中的老寿星

　　世界上的哺乳动物中，体型比较大的寿命也比较长，它们是哺乳动物中的长寿者。例如狮子的寿命约为30年；熊的寿命约为34年；河马的寿命约为41年；犀牛的寿命约为47年。为什么大型动物的寿命会比较长呢？首先，狮子、犀牛、熊等大型动物，体型巨大、生性彪悍，抵御敌害的能力自然就比较强，其他动物是很难伤害到它们的。例如犀牛，不仅体格强壮，而且皮坚如铁，头上长有利角；至于狮、象等森林之王，则更是所向无敌。所以它们死于敌害的可能性较小。另一方面，由于它们凶猛无比，因而可以捕食到的猎物也较多，这样，它们的生命力也就更为强盛。

　　那么，谁是哺乳动物中真正的老寿星呢？那就要数大象了。大象幼仔的哺乳期在20个月左右，真正成熟要到18岁，而它们的最长寿命甚至可以达到120年，这是其他哺乳动物无法比拟的。

大象吞食岩石之谜

　　大象是一种生活在陆地上的哺乳动物，分为两种：一种是亚洲象，一种是非洲象。亚洲象分布在印度、斯里兰卡、巴基斯坦、马来西亚、泰国、越南、缅甸和中国的云南省。亚洲象只有雄象有獠牙(俗称"象牙")，非洲象生长在非洲地区，与亚洲象不同，雌、雄都长有獠牙。

　　非洲象还有吞岩石的习性。在东非肯尼亚的艾尔刚山区，有许多山洞，每年的干旱季节，常常可以看到成群结队的非洲象走进山洞，很有秩序地穿过一条狭长的通道，来到里面阴暗潮湿的中央大洞，然后用它们那长长的象牙，在洞壁上凿下一块块岩石，然后，用自己的大鼻子卷起岩石，一口一口地吞进肚子里。

　　非洲象为什么要吞食岩石呢？

　　动物学家到实地考察及研究后发现，当地植物中硝酸钠盐的含量非常少，而大象吃过这些植物以后，还需给身体补充足够的硝酸钠盐。而在这些山洞里的岩石中，这种矿物质的含量却很高，大约是这个地方植物含盐量的100倍。非洲象吞食岩石，就是为了补充食物中所缺乏的这种盐分。特别是在干旱季节，大象的身体会大量出汗和分泌唾液，体内盐分的消耗就更大了，所以，需要补充的盐分也就会更多。

　　还有不少动物也常常去舔食含盐分的岩石，像食草兽中的一些鹿类，也常常会在下雨天去舔食含盐分的岩石。因为动物体内一旦缺乏必要的盐分，它们的抵抗力就会下降，从而容易得病。它们吞食岩石或舔食含盐分的岩石，都是为了提高自身的抵抗力，以防生病。

旅鼠集体投海之谜

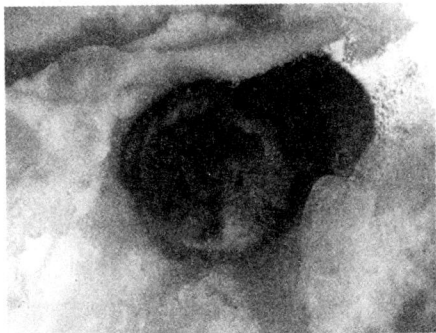

旅鼠生活在北欧寒冷的地区。它们的样子和一般的田鼠差不多，身上长着黑褐色的细毛。到了冬天，为了在冰雪世界中掩护自己，毛色又会变成白色。旅鼠通常生活在荒原的洞穴里，冬天就在雪地中挖掘穴道，穿来穿去地寻找植物的根茎为食。

1985年开春，居住在挪威山区的人们发现，饥饿了一冬的旅鼠们急着补充营养，成群结队地四处找东西吃。没过几天，它们就把挪威山区的草木洗劫一空，饿急了的旅鼠甚至还会袭击牲畜和婴儿。这些旅鼠的繁殖力特别强，一只母旅鼠一窝可以生10只以上的小旅鼠，而小旅鼠长到2个月左右又可以生育。一年中，由一只母旅鼠可以发展到3000~4000只旅鼠。于是，旅鼠成灾，当地政府和山民们心急如焚。

然而，让人不解的现象又出现了。

刚进入4月，成群的旅鼠就不分昼夜地朝挪威西北海岸奔去。这支旅鼠大军，有几万只还是几十万只，谁也说不清。只见它们浩浩荡荡，遇到河流的时候，前面的旅鼠就奋不顾身地跳到水里，给后面的伙伴们搭起一座"鼠桥"；遇到悬崖或深沟时，几千只旅鼠则抱成一团，滚成一个大肉球，不顾死活地滚下去。只要是活下来的，爬起来又继续往西北方向跑。在它们经过的地方，有数不清的旅鼠尸体留在河边、山崖下。但旅鼠大军仍然以日行50千米的速度，顽强地前进。

旅鼠们到达大西洋海岸以后，并没有停止向前，它们就像接到跳海的命令一样，一群接一群地跳入大海，并奋力向前游去，一直到体力衰竭，淹死在水里。

旅鼠的这种集体跳海"自杀"的现象，每隔3~4年就会发生一次，人们都感到非常奇怪。具体的原因还在进一步探索中。

灰熊的冬眠

在美国的黄石森林公园，有一种野生灰熊。为了了解它们的冬眠方式，美国的葛莱德兄弟组成了一支考察队，来到了灰熊经常出没的地方。

这支考察队包括生物、医学和物理等方面的科学家。他们配备了精良的仪器，并且第一次采用了空间科学的最新成果，利用生物无线电远程观察技术对灰熊进行观察。他们先在灰熊经常出没的地方挖了一些陷阱，在抓到灰熊以后，先给它们射入一颗麻醉弹，等灰熊昏睡的时候，再把编有号码的塑胶标杆插进它们的耳朵里，接着就给它们称体重、量身高，最后再给它们套上一个塑胶圈。这个塑胶圈可不简单，里面装着能够发出各种无线电信号的微型无线电发报机。

等这些被俘虏的灰熊醒过来的时候，它们已经回归大自然了，脖子上的塑胶圈

则会发出各种信号，考察队员根据这些信号，就能观察它们的一举一动了。

当冬天来临，天气突然变冷的时候，灰熊就开始为冬眠做准备了。

灰熊对冬的洞穴非常讲究，去年过冬的旧洞废弃不用，必须挖新的。它们选洞的地点有时在北面的山坡上，有时在峡谷绝壁的大树底下。新居建成以后，它们会往里面铺上一些松树枝，这样就可以舒舒服服地过冬了。

越冬的洞穴建成以后，灰熊们就无事可做了，它们拖着肥硕的身子，懒洋洋地在原野上散着步，它们开始离开猎食的低地，独自向深山老林中走去。科学家们通过灰熊脖子上塑胶圈里发出的信号，发现灰熊的新陈代谢变慢了，这是冬眠前的第一个迹象。它们摇摇晃晃地迎风前进，穿过落满树叶的丛林，找到不久前挖好的洞穴。等北风怒吼、大雪纷飞的时候，它们就一头钻进洞里，倒在树枝上，用爪子抱着脑袋，蜷缩着身子，发出低沉的吼声，然后就昏睡起来。这时候，熊的体温下降，心跳和呼吸减慢，冬眠开始了。

经过多年的考察，科学家们了解到了灰熊的一些生活内幕。

有一年冬天，北风呼啸，暴风雪来临了，灰熊向峡谷地区慢慢走去。考察队的科学家们估计，灰熊该进洞了。没想到，它们来到洞穴跟前，却没有进洞。灰熊好像觉得还不是冬眠的时候，就继续修起它的越冬"别墅"来。过了几天，太阳果然出来了，天气转暖，地上的积雪也融化了，考察员们这才恍然大悟，灰熊先生的预测真灵啊！

不久以后，又一场暴风雪降临在黄石公园。灰熊先生好像觉得应该冬眠了。科学家们果然接收到了有节奏的信号，这些信号是从被跟踪的灰熊身上发出来的，表示它们已经开始冬眠了。

动物王国探秘

科学家们研究了大量资料，认为灰熊身上有一种神秘的"生物钟"。灰熊还有一套觉察地球"脉搏"的本领，这些"脉搏"包括气压、气温、降雪、捕食困难等，这些因素能拨动灰熊的"生物钟"。当天气变冷的时候，生物钟敲起第一次"钟声"，灰熊懒洋洋地打着呵欠，开始挖洞，准备冬眠；当第二次"钟声"敲响的时候，灰熊就开始独自活动了，它们漫步山林，可是并不马上进洞；等到第三次"钟声"响过之后，灰熊才钻进洞里，开始冬眠。

第一次大雪过后，灰熊为什么不进洞呢？它们是如何知道地球"脉搏"的呢？目前这还是一个猜不透的谜。

马站着睡觉的原因

　　家养的马都是由野马驯化而来的，站着睡觉则是继承了野马的生活习性。

　　生活在复杂的自然环境中的动物，都有各自独特的睡觉姿势，这是它们在激烈的生存竞争中所形成的睡眠习惯。野马是生活在草原上的草食性动物，经常受到食肉猛兽的威胁，随时都有被吃掉的危险。因此，它们从不躺下睡觉，而是像白天那样仰着头站着，闭上眼睛睡觉。这样的睡觉姿势，具有防御敌害、及时警戒、逃跑方便、保证安全等作用。当马站在树荫下休息的时候，只要低头闭眼就能进入睡眠状态。如果马预先知道没有什么危险，那么它们就会把头搭在背上睡觉。和母马在一起的小马驹以及集群生活的马，就是用这个姿势安心入睡的。

大熊猫也吃肉

大熊猫的食物营养含量较低，无法储存充足的能量。为了保存体能，必须减少能量消耗过大的活动。因此，它们喜欢在平缓的地方行走，不喜欢爬坡。平时也只在一个较小的范围里活动，利用气味、声音等传递信息，相互之间并不直接接触。大熊猫除了吃竹子外，也吃一些杂草等其他植物，但吃进的量极少。此外，它们也并非完全吃素，偶尔也会开一次"荤"，恢复一下其祖先的本性。例如在它们的栖息地里分布着一种害鼠，名叫"竹鼠"，俗称"竹溜子"，它们专吃箭竹的地下根，使箭竹枯死。但它们的肉却鲜嫩可口，营养丰富，正像当地的一句俗语所说："天上的斑鸠，地上的竹溜。"大熊猫有一套巧妙的办法来对付竹鼠，它们一旦闻到竹鼠的气味，或者发现其踪迹，很快就能找到它们的洞穴，然后便用嘴向洞里吹气，并用前爪使劲拍打，迫使竹鼠慌忙出逃，大熊猫则趁机一跃而上，用前爪按住，撕去鼠皮，尽食其肉。如果竹鼠不出洞，大熊猫就会来个挖洞抄家，直到将其捕获。

大熊猫虽然也具有食肉动物吃肉的习性，但它们很少捕食动物或吃动物的尸体，这并不是因为它们不喜欢吃肉，而是缺少机会。因为在大熊猫分布的地区，大型的食肉兽很少，没有多少残尸剩骸供它们食用。如果它们经常去捕捉鼠类等小动物，所得到的营养往往还不足以抵偿为此消耗掉的能量。因此，大熊猫只能偶尔吃

到一点肉食，大部分时间则按部就班地依靠竹子维持生命，成为一辈子循规蹈矩、依竹而生的动物。

在野外，大熊猫的雄兽和雌兽平常都是过着独居的生活，每个个体的活动范围为4~7平方千米，所以它们的种群通常也是由零散的个体组成的，每个个体均栖息于相同的环境条件中，分享着同一地区的食物来源，彼此之间互相依赖和制约，自然地组合成一个统一的整体。

动物王国探秘

小熊猫和大熊猫的关系

　　说起小熊猫，自然会让人联想到大熊猫。它们不仅名称相近，还有很多共同的特点，比如头骨短而粗壮，颧骨强大，以多纤维的植物如竹类等作为食物，牙齿的构造也相似等，再加上名称相近，它们很容易被认为是亲缘关系接近的动物。但实际上，大熊猫和小熊猫的亲缘关系相距较远，在分类上也不属于同一个科，大熊猫属于大熊猫科，而小熊猫则属于浣熊科。

　　小熊猫又叫"小猫熊"，生活在我国四川省，人们根据它们的一些特殊习性，

亲切地称其为"山闷得儿"或者"山车娃儿"。而在云南，人们却根据它们的体型和美丽的毛色称其为"金狗"。它们身体肥胖，外形似熊又很像家猫，但比熊小得多，又比家猫大，故而得名"小熊猫"。小熊猫是一个单独的品种，而不是小个儿的熊猫。

小熊猫是喜马拉雅山脉、横断山脉等高山、亚高山地带的特产珍贵动物，在国外分布于尼泊尔、不丹、印度、缅甸北部等地。

小熊猫主要生活在海拔1600~3800米的混交林和竹林等高山丛林之中，夜晚栖居在溪流和山泉附近的枯树洞或岩洞中。常结成4~5只的小群活动，既怕酷热又怕严寒，因此夏季多在背阴坡有溪流的河谷地带活动，冬季要转移到向阳的山坡居住，下大雪以后还会到村庄附近的山坡、灌木丛间活动，没有冬眠的习性。小熊猫的整个体色鲜艳而光亮，

这种体色在其所栖息的景色绚丽纷繁的森林环境中起到了鱼目混珠的效果，相当于保护色，使天敌难以发现。另一方面，厚实的皮毛对热的传导能力较低，保温能力好，使它们能够在温度较低的高山地区也能维持正常的体温。小熊猫的体表还有很多黑色的部分，有利于吸收太阳光的热量，这些都是它们对高寒环境生活的一种适应。

小熊猫十分爱干净，总是到一个固定的地方去排便。小熊猫的觅食活动多在清晨和傍晚，在这两次觅食活动的高潮之后，都要休息4个小时左右。此外在觅食活动期间，它们也会频繁地进行短暂的休息，每次休息的时间一般在2个小时以

内。这样就保证了它们有足够的精力去仔细地选择竹叶，解决食物营养低和消化能力有限的缺陷。它们进食的常见姿势是坐下来用前掌将食物握着吃，主要食物是冷箭竹和大箭竹的叶子、竹笋，占其食物总量的90%以上，偶尔也吃其他植物的根、茎、嫩叶、嫩芽、野果以及蜂蜜、昆虫、小鸟、鸟卵、小兽等，尤其喜欢吃带有甜味的食物。

金丝猴的语言

金丝猴主要栖息在海拔2000~3000米的高山针叶阔叶混交林中，长年生活在树上，很少下地活动。喜欢群居，少则十几只，多则数百只一群。每群都有以老年、中年、青年和幼仔所组成的家族社会，很少见到单独行动的个体。每个群体中，都有一只经过搏斗产生的、体格魁梧、毛色不凡的"美猴王"来指挥猴群的一切行动。群体中的其他成员对"美猴王"都非常敬畏，常为它敬献食物以及梳发、搔痒、捉虱子等，以讨它的欢心。"美猴王"非常勇敢，遇到敌情时，总是奋不顾身，冲在最前面。

金丝猴性情机警，每到一处，总要派出几只雄兽攀上树顶进行警戒，群体中的其他成员就可以放心地取食或追逐嬉戏。一旦发现危险，警戒的雄兽就会立即发出"呼哈——呼哈"的报警声，这样，群体成员则立即大声呼应，然后迅速逃离。在行动时，群体成员的组织也非常严密，携带幼仔的雌兽位于群体的中间，前后都有健壮的雄兽保护，动作非常敏捷，往往会先摇一摇树枝，然后借助树枝的反弹力量在树枝间荡跃，就像一阵狂风骤起，在"美猴王"的率领下，扶老携幼，大声呼啸着，在茂密的丛林中攀缘飞奔，如履平地，瞬间便杳无踪影，人们往往是只闻其声，难见其影。

金丝猴天性喜欢嬉戏、喧闹，在它

动物王国探秘

们活动的树林中，常常是一片喧腾，呼唤声和折断树枝的声音响成一片，数百米以外都能听见。金丝猴能发出多种叫声，不同叫声所传达出来的意思也是不一样的。据专家研究发现，它们主要用游玩时欢乐的嬉戏声、大难来临前的警戒声、粗短高亢的呼唤声和身体疼痛的呻吟声等4种"语言"来进行沟通和联系。

当群体觅食戏耍时，成年金丝猴时常会发出一种悠然自得的"咿——嗷"的叫声，其音调低沉，悠长而缓慢，这是一种平安无事、嬉戏欢乐的声音。当附近有异常情况时，最先发现者立即会发出

"架——"的警戒声，用来唤起群体成员的注意，于是所有的成员一听到这种声音，便立即响应，一边注视着出现危害的方向，一边也发出"架——"的叫声，采食和嬉戏也会马上停止，直到危险完全解除。当敌害临近或者已经遭到攻击，群体处境十分危急的时候，雄兽在极度紧张的情况下还会发出一种像公鸡打鸣时的声音，听起来非常急促。一听见这种声音，群体成员顿时就会四散飞奔，攀枝逃窜。如果在群体成员之间发生相互格斗，为了恫吓对方，有时候也会发出这种声音。

当大的群体分散成小群以后相互联络时，往往由各个小群中的成年雄兽发出"咯"的声音，一声为一个音节，高亢且不紧不慢，直到相互会合之后才停止。有时候，当雌兽在寻找失散的幼仔时，也会发出类似的呼唤声。除了这几种叫声外，幼仔也特别爱叫，但与成年金丝猴的叫声不同，在追逐、嬉戏、觅食的时候，它们常发出"叽、叽"的叫声，天刚亮或者休息时也爱发出这种声音。如果与雌兽失散，它们还会发出一种单调的叫声。

奇怪的狐狸 "杀过" 行为

　　狐狸有一个奇怪的行为：一只狐狸跳进鸡舍，把一窝小鸡全部咬死，最后仅叼走一只。狐狸还常常在暴风雨的夜晚，闯入黑头鸥的栖息地，把数十只鸟全部杀死，却一只也不吃，一只也不带，空 "手" 而归，这种行为就叫作 "杀过"。

　　狐狸为什么会 "杀过"，至今还是个谜。

狐和狸不是一家

人们常把狐叫作"狐狸"，其实，狐和狸是两类不同的动物。

狐和狸在分类学中都属于食肉目犬科，它们的外形有些相似，而且都是在夜间活动的肉食性兽类。但是，只要稍加注意，将狐和狸区分开并不是一件难事。

通常人们所说的狐，又叫"赤狐"、"红狐"和"草狐"。狐的体型细长，体长约70厘米，尾长约45厘米，面部较窄，吻部尖长，耳朵较大，尾毛蓬松，身上标准的毛色为：背部为红棕色，颈尖和身体两侧稍带黄色，腹部为白色或黄白色，耳背为黑色或黑褐色，尾尖为白色，四肢的颜色比身上深。不过狐的毛色会因产地的不同而有所差异，南、北方产的狐在体色和个头方面都有差别。狐的尾基部有一个小孔，由此会分泌和散发出特有的臭味——狐臭。

狐通常栖居在洞穴之中，常利用獾遗弃的土洞或现成树洞作为自己的窝巢，白天蜷伏在洞中，抱尾而眠，夜间外出寻找食物，多以野鸡、野兔、野鼠、鱼、蛙类和昆虫等为食，兼食各种野果，有时也偷吃家禽。

狐的视觉和嗅觉都很灵敏，平时双耳竖起，长而蓬松的尾巴拖在地上，一有动静，马上就会一跃而起，急箭般窜出去，猎物很难从它们的面前逃脱。狐生性狡猾，捕食方法也十分巧妙，常会装疯卖傻，或扭头弯身咬着自己的尾巴翻来滚去，或两狐假打扭成一团，使路过的野兔或鸟儿看傻了眼而放松警惕，狐就会趁机飞跳过去，一下子抓住那些正在发呆地看

客。对于浑身长刺的刺猬，许多动物都想吃它们却不知从何下口，而狐却知道刺猬的致命弱点，它们会不慌不忙地把刺猬拖入水中，淹个半死，然后从刺猬腹部无刺的部位开膛破肚，饱餐一顿。

狐不仅善于猎食攻击，还善于隐藏和逃避敌害，它们会清除、弄乱自己的足迹，也会消除自己的臭味，使大型兽类和猎狗无法追踪。它们还会诈死，并出其不意地跳起飞逃。对于猎人设置的陷阱，狐一般不会轻易上当，成语"满腹狐疑"便是它们这种生活习性的真实写照。

狐还能捕食危害农作物的老鼠、野兔等，据报道，每公顷地面上只要有2~5只狐，老鼠几乎就销声匿迹了，野兔危害庄稼的事也很少发生。狐有时会偷吃鸡、鸭，有人因而对它们抱有成见。其实，就像家猫有时也会偷吃鲜鱼一样，这是不足为奇的。狐只要不饿肚子，它们是不会去袭击家禽的。

狐的毛皮是上等裘皮，肉可食用。因此，很多地方都已将其饲养为家畜。

狸又名"貉"，外貌看上去和浣熊比较像，身体较粗胖，体型比狐稍小，体长约65厘米，尾长约20厘米，尾巴和耳朵都比狐的短，吻尖，耳朵短圆，它们的两颊长着长毛，体色棕灰，四肢和胸腹近黑色，两眼周围各有一块黑褐色的斑纹。

狸通常穴居于田野、河谷和山坡间，是一种杂食性动物。它们的实力不强，猎捕动物的能力有限，跑得也不快，因此只能捕捉鱼、虾、蟹、蛙、鼠、蚯蚓和昆虫等小动物为食，兼吃野果、谷物、菜根等。

狸表现得没有狐那么"聪明"，它们既贪吃、又莽撞，容易被捕获。

生活在北方地区的狸，冬季有冬眠的习性，这在犬科兽类中是独一无二的。有人仔细观察了狸的冬眠情况后报道说：有的狸并不是在整个冬季连续地眠而不醒，遇到风和日丽的天气，它们也会跑出洞活动；有的狸因为秋季吃得不够充足，身上过冬的脂肪储备得也不够充分，也就不能安稳地冬眠，仍需外出补充营养，仅是严寒期间在洞中休眠不出。

狸和狐一样也是重要的毛皮兽，它们的毛皮在皮货中叫"貉绒皮"，其颜色美丽、质地细密，价值胜过狐皮。

骡子不能繁殖后代的原因

　　大家都知道，小虎崽是老虎妈妈生的，小狗是狗妈妈生的，小猴子是猴妈妈生的，这在自然界中是再正常不过的事了。但是这个世界上还有一些事情，或许你听了之后会感到很奇怪。就拿最常见的家畜骡子来说吧，它们是无法繁殖后代的，也就是说骡子并不能生出小骡子。这是怎么回事呢？

　　我们人类以及其他哺乳类动物，都是由受精卵发育而来。雄性动物的生殖器官会产生精子，而雌性动物的生殖器官则会产生卵子，受精卵是精子和卵子结合后的产物，这是繁殖后代必须具备的最基本条件。而骡子的生殖能力却属于先天不足：我们看到的公骡和母骡虽然具有构造较完善的生殖系统，但是它们的生理机能却并不正常。据科学家研究分析，这是因为骡子的体内缺少一种激素而造成的。由于这种激素的先天缺乏，致使公骡的生殖器官无法产生成熟的精子，母骡虽然能产生卵子，但因为它们的体内缺乏助孕激素，致使卵细胞不能健康发育，还没等到成熟就会因衰弱而死。

　　那么，没有生育能力的骡子为什么不会绝种呢？

　　原来，骡子是一种名副其实的"混血儿"。一头公驴和一匹母马交配后生下的后代就是"马骡"，而一匹公马和一头母驴交配后生下的后代就是"驴骡"。所以你要是仔细观察就会发现，骡子身上有许多地方既像驴又像马。它们的体型和马接近，但叫起来的声音却和驴很相似；它们的耳朵很长，颈上的毛及尾巴又和马、驴有所不同，或者介于两者之间。它们体型高大，肌肉强健，继承了其"父母"各自的优点。此外，它们的耐力、抗病能力、适应性都比马、驴强，且寿命也较长。因此，人类一般用骡子来拉车、驮东西、耕地等，它们是人类的好帮手。

袋狼灭绝的原因

袋狼曾经广泛分布于大洋洲大陆，而且数量很多。在4000~5000年前，大洋洲大陆上的袋狼才渐渐趋于灭绝，其主要原因很可能是它们在生存竞争中无法与其习性相似的大洋洲野犬相匹敌。然而，在1.2万年前与大陆分离的塔斯马尼亚岛上，袋狼却"人丁兴旺"，并一直繁衍到近代。

塔斯马尼亚岛是澳大利亚东南部的一个小岛，隔着巴斯海峡与澳大利亚大陆的亚维多利亚隔海相望。1642年，荷兰航海探险家阿贝尔·塔斯曼发现了该岛。它的面积约为63000平方千米，当地居民约30万人，其中1/3的人口居住在首府霍巴特。塔斯马尼亚岛呈心形，多山，中部为高原，东部主要是低高地。中央高原分布有4000多个湖泊，气候湿润，森林密布，是袋狼及其他动物生存的理想场所。

塔斯马尼亚岛的原住居民被人类学家通称为"大洋洲尼格罗人"，在1803年殖民统治者到来之前，他们仍处于钻木取火的石器时代，完全过着采集、游猎的原始生活，袋狼与人类的矛盾也不大。自从殖民统治者来到这里之后，当地的原住居民遭到惨绝人寰的大屠杀，而袋狼的生命更是岌岌可危。

由于大量的移民来到塔斯马尼亚岛，人们占用了更多的土地来发展农业、畜牧业。欧洲移民伐林开荒，消灭了许多袋狼赖以为生的小动物，并且大量放牧，终于引发了严重的矛盾。袋狼被迫盗食羊和家禽，牧场主们则用火枪、捕机甚至毒药对付它们。殖民者把袋狼看作可恨的敌害，认为这种动物对他们的羊群来说是巨大的威胁。虽然有许多绵羊实际上是被狗吃掉的，但人类却迁怒于袋狼，政府也加入到了这场对袋狼的大围剿中。1888年，澳大利亚政府为了发展畜牧业，悬赏奖励捕杀袋狼多的人，每打死一只袋狼，奖励100马克，于是袋狼家族的厄运从此开始了。

袋狼不久就一批又一批地倒在了猎人黑洞洞的枪口下，仅据官方记载，从1888年到1914年被杀死的袋狼就达2268只。当时疯狂屠杀袋狼的捕猎者或许并没有想到，袋狼的灭绝将会给澳大利亚的畜牧业带来不幸，由于澳大利亚没有了大型食肉动物，食草动物泛滥失控，袋鼠成灾，与羊群争夺草场，澳大利亚的畜牧业一度一蹶不振。

滥捕乱杀使袋狼终于走上了灭绝之路，到了1914年，袋狼就已经非常罕见了，最后一只野生袋狼于1933年在默本纳死于非命。1948年，世上绝无仅有的"孤本"——霍巴特动物园经过人工饲养的一只瘸腿袋狼病逝。从此以后，人们再也没有看见过这种珍稀动物。

等到塔斯马尼亚人终于明白，他们拥有的乃是无价之宝，是绝无仅有、举世无双的凶猛的大型有袋类动物时，为时已晚了。当地政府直到1936年才颁布保护袋狼的法令，改为打死一只袋狼要罚款2000马克，但是事实证明这项保护法令颁布得太迟了，因为岛上已经没有袋狼可以保护了。至此，这一原本庞大的家族体系在地球上销声匿迹了。

蛇能吞象

俗话说"贪心不足蛇吞象",这是比喻人贪心不足,就像蛇想吞食大象一样。太贪心当然不可取,那么蛇吞象是否可能呢?

我国古代就有蛇吞象的传说。公元前2100多年,夏朝有个部落酋长后羿,即传说中弯弓射日的英雄。他酷爱打猎,曾经在洞庭湖边杀死一条名叫"巴蛇"的大蛇,这条大蛇就能将象吞入腹内。

蛇吞象的事,谁都没有亲眼见过。但蛇吞幼猪、牛犊、羊和鹿的事,却时有发生。在我国西双版纳的原始森林里,傣族居民曾经发现一条6米长的蟒蛇潜伏在一棵大树上,这时正好有一只水鹿从树下路过,大蟒蛇从树上一跃而下,用长长的身躯把水鹿紧紧地缠绕起来,使水鹿窒息而死。大蟒蛇张开血盆大口,把水鹿吞进了肚里。这时蛇身胀得又粗又大,只能横躺在林中草地上,无法动弹。人们用一辆马车把大蟒蛇和它腹中的水鹿一起拉回了村寨,真是得来全不费工夫。

1981年,有人在非洲刚果的原始森林中,亲眼看到蟒蛇吞食狮子的情景。狮子到河中喝水,突然大吼一声,挣扎着沉入水中。过了一会儿,一条头大如斗的蟒蛇冒出水面,过了好一会儿,它才慢腾腾地爬上岸来。这条大蟒蛇看上去有10多米长,腹部胀得很大。原来,狮子已经被它吞入腹中了。

1982年10月21日,香港新界地区有条蟒蛇闯进了一个牛栏,把一头刚出生4天,重约12千克的牛犊吞了下去。大蟒蛇的胃被牛腿撑破了,只有头和尾巴能够摆动。警方发现这条蟒蛇后,请来一名捕蛇专家,把冷水淋在了蟒蛇身上,并帮助它把小牛吐了出来。

蛇为什么能吞下比自己大好几倍的动物呢？这是因为它们体内有一些特殊的构造。我们人的嘴巴只能张大到30度左右，可是蛇的嘴巴却可以张大到130度，甚至180度。究其原因，我们嘴巴的骨头之间是用"榫头"联结成的，而蛇的嘴是用韧带相互联结的。这里，我们不妨做一个实验：人们烧饭时用的火钳由于用榫头镶嵌着，火钳嘴就不容易张大。如果把火钳分成两片，在原来镶嵌榫头的地方缚上橡皮筋，那它们就可以开合自如了。蛇的嘴巴能张得很大，也是这个道理。何况，蛇在吞食大动物之前，已对动物做了加工。它们在缠绕猎物时，边缠边收紧，直到猎物窒息而死，然后，它们把猎物挤成长条状便于吞下。

如果蛇捕到的是一只鸟，鸟的翅膀像两把展开着的折扇，那该怎么办呢？小个子蝮蛇吞食较大的鸟时，通常总是先吞鸟的头部。为了不让鸟儿滑出口外，蝮蛇的左右两排牙齿交替做着一系列慢动作：左边的牙齿一动也不动，牢牢地将鸟钩住，右边的牙齿慢慢向前移，把猎物朝口中拉。接着右边的牙齿钩住食物，左边的牙齿再向前推移，就这样慢慢吞食，鸟儿那对打开的翅膀，也就顺着一个方向收拢了。

蛇吞食大动物的时候，气管会被堵住吗？不会。因为它们喉头的开口处在口腔底部的前方，这里也是气管开口的地方。蛇吞食猎物时，将可以活动的喉头伸到了口外，这样它们就不必担心气管被堵住了。

大动物在蛇的肠子里会通行无阻吗？是的。蛇的胃不是圆球状的，而是像一个长得出奇的袋子。蛇的肠子也和其他动物不一样，不是弯弯曲曲的，而是一条直通通的管道。笔直的肠子对于吞下较大的食物，是十分有利的。

当然，话说回来，蛇吞食大的动物并不都是轻而易举的，有时也要付出很大的代价。有时候，蛇虽然吞下了大动物，但动物的刺、骨却戳穿了它们的肠子和体壁，使它们痛苦万分。

蛇的催眠术

蛙类遇到危险时的鸣叫声是很容易识别的。

当蛙受到蛇袭击时，其叫声特别凄惨。蛇袭击蛙的方法很特别：它们先游近有蛙的池塘，然后开始用眼直勾勾地盯着蛙。不一会儿，蛙会突然欠起身子，并开始发出悲惨的叫声。几秒钟后，蛙一边悲鸣，一边向蛇游去。当蛙游到蛇面前时，蛇便张口将其吞食。

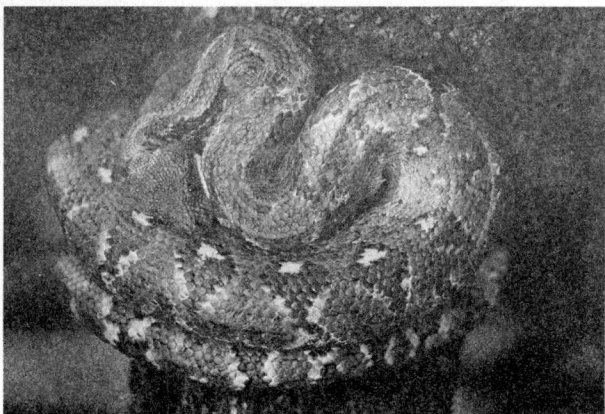

民间将蛇的这种捕食方法称为"催眠术"，但只对1.5~2米距离内的蛙有效，目前，科学家们还无法解释这一现象。

猕猴和猕猴桃

猕猴，又名"恒河猴""广西猴"，是我国常见的一种猴类，主要栖息于阔叶林、针阔混交林、竹林及石山峭壁。体长43～55厘米，尾长15～24厘米。头部为棕色，背上部为棕灰色或棕黄色，下部为橙黄或橙红色，腹面为淡灰黄色。鼻孔向下，具颊囊。善于攀缘跳跃，会游泳和模仿人的动作，有喜怒哀乐的表现。发怒时眉头紧锁，两耳向后扇动，向对手龇牙怒目，并发出一阵"吱，吱"的怪叫。悲伤时则一副无精打采的样子，躲在角落里，身体缩成一团。

有人认为猕猴是因为爱吃猕猴桃而得名，其实不然，猕猴的食性很杂，以花、树叶、野果、昆虫、鸟卵、雏鸟等为食。有时也到农田里吃谷子、番薯、花生等农作物。在林间活动时，也常翻动枯枝落叶，觅食昆虫及其幼虫，在吃东西之前，猕猴总是先对食物进行处理，巧妙地用手指剥去应该抛掉的不能吃的部分，或者用双手在地面上搓一搓，好像要把食物的外层剥掉。如果是第一次见到的食物，它们会先仔细看一看，闻一闻，再用舌头舔一舔，尝一尝，然后才咬上一口。猕猴的下颌部有一个囊，与口腔相通，颊囊是暂时储存食物的地方，当它们需要很快地夺取食物或逃避危险的时候，就会先将食物存入囊内，等到安全的时候再慢慢咀嚼。

猕猴是家族式群体，每群都有自己的首领——猴王。猴王是多次争斗中的胜者，群体中其他雄性与雌性皆臣服于它。

猕猴一年四季都能繁殖，通常为每年1胎或3年2胎，每胎仅产1仔。怀孕期为6～7个月。幼仔刚出生时体重不足250克，浑身长满绒毛，出生12小时后就能吃奶，一般每天吃2～4次奶，哺乳期4～6个月。雌兽对幼仔的照顾无微不至，无论走到哪里都会带在身边，幼仔则会本能地用四肢牢牢抓住雌兽的身体，即使雌兽奔跑时也不会摔下来。幼仔长到4～6岁时达到性成熟，寿命一般为25～30年。

最凶残的豹

　　在国外，豹是威严、勇敢、坚强和力量的象征，所以有的国家的国徽上画着豹，如圭亚那的国徽上画着一对豹；索马里的国徽上也画着一对豹。但与老虎和狮子相比，它们的本领要略逊一筹。例如，金钱豹虽然在捕食方面比老虎聪明，但缺少老虎的谨慎和耐心，因此，它们常常由于贪食、好杀动物而落入猎人的圈套。

　　金钱豹非常善于捕猎。在森林中目空一切，它们不但会袭击像骆驼、长颈鹿那样的大型食草动物，就连比它们大一半的猛虎，也敢主动攻击。别看金钱豹的躯体比华南虎小，但性情却比华南虎还要凶恶残暴。它们爬树的本领非常高，再高的树它们也能爬上去，并常到树上捕食猿、猴和鸟类，或潜伏于树杈上一动不动，两眼盯着地面，一旦发现有野猪、鹿或野兔等经过时，它们就会马上跳到对方的背上开始咬杀，常把猎物咬得措手不及。当发现有人追踪时，它们就会偷偷地爬到树上，潜伏在树枝上，然后出其不意地从树上猛扑下来，将人击倒并杀死。

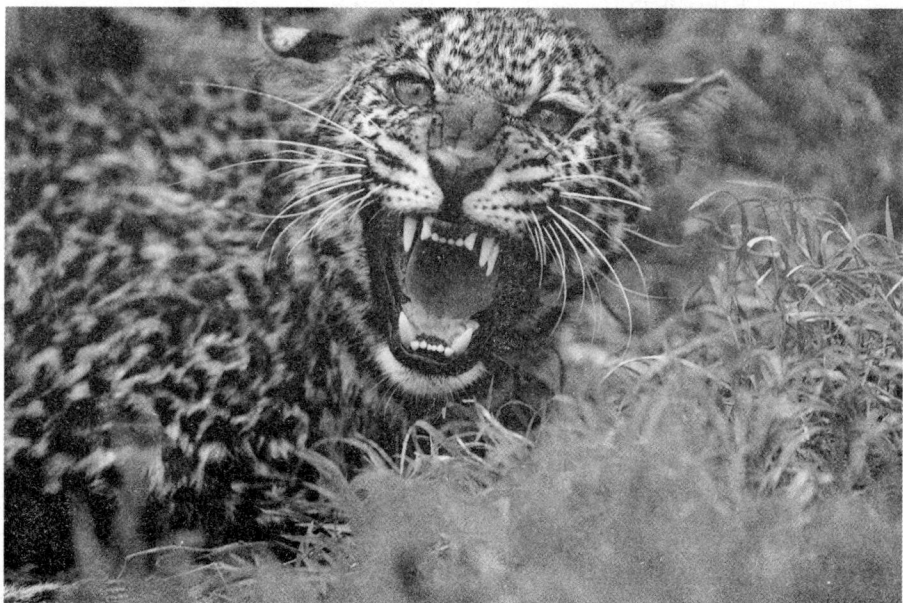

骆驼的驼峰

第二次世界大战结束后，世界上好多地区都出现了食物紧缺的情况，人和动物都没有东西吃。日本上野动物园里饲养的一头骆驼，驼峰不是亭亭直立，而是倒向一边。原来，骆驼也患了营养不良症，驼峰里的脂肪已经消耗殆尽了。

从前，人们都以为骆驼的驼峰里装有水，其实里面根本没有水，整个儿就是一块大脂肪。在食物不足的情况下，骆驼就是靠这些脂肪来维持体力的。

天气炎热时，驼峰里的脂肪不多，因此驼峰低而软塌，秋天骆驼养肥后，驼峰就会坚实地鼓竖起来，两座驼峰里足足可以储存近40千克脂肪。艰苦的长途跋涉常会使骆驼处在饥渴交迫的状态，这时奇异的驼峰脂肪便会氧化分解，供给骆驼所需的营养、能量和水分。

据估计，每100克脂肪在氧化时可以产生107克水，那么，储满脂肪的两座驼峰在不断氧化的过程中，就可以得到40多升水，可见驼峰并不是一个普通的蓄水池，而是相当于一个化学蓄水池。

有两位科学家曾经在沙漠里做过这样一个实验：他们把几头骆驼拴在太阳下晒了8天，没给它们一滴水喝，结果骆驼的体重平均下降了100千克，相当于体重的20%，但是它们仍旧以惊人的毅力挺立在骄阳之下。它们耐饥渴的能力真让人惊奇！

尽管骆驼在阳光的暴晒之下体重减轻了1/4，可是血液中的水分却只减少了1/10，血液在血管里的循环还是畅通无阻的。假若其他动物处在类似的情况下，血液中失去那么多水分，早就会因为血液变稠无法进行正常的血液循环而导致生命垂危。显然，骆驼既会储存水分，还善于保持水分，凭借这个生理特点，它们才能千里迢迢跋涉在沙漠旅途中。这也是它们比其他动物更能忍饥耐渴的真正原因。

老虎和狮子

由于老虎和狮子的体型比较相似，又都是非常厉害的猛兽，其食谱也非常接近。一旦相遇，双方极有可能发生一场激烈的恶斗。那么它们到底谁是"万兽之王"？在自然界中，如果老虎和狮子相遇，谁的生存力更强呢？换句话说，老虎和狮子谁更厉害呢？

其实狮子大多数时候是在草原上扬威，而老虎通常是在森林里称王，假如没有人类活动的阻隔，不排除野生的狮子与老虎将来有可能在自然条件下相遇的情况。但由于人类的存在，非洲的狮子与亚洲的老虎已经不可能在野外相遇了。如果真的相遇的话，老虎是独居动物，擅长单打独斗。但如果是一群老虎和一群狮子打，那么肯定是狮群厉害！

企鹅从不迷路

企鹅有一个绝招，那就是从不迷路。

南极的11月，白雪皑皑，晴空万里，长达6个月的白昼到来了。企鹅爸爸和企鹅妈妈带着它们"身穿燕尾服"的儿女们远离故乡，到千里迢迢的海洋觅食去了。到第二年2~3月，南极的寒夜来临时，它们则又会带着儿女们日夜兼程地返回故乡。年复一年，从不间断。

令人惊奇的是，广阔无边的南极大陆是一片白茫茫的冰雪原野，地面上什么标志都没有，它们是怎么前进的，为何从不迷路呢？

多少年来，为了揭开这个谜，科学家们在南极进行了各种各样的实验。

美国科学家在企鹅繁殖地捉了5只企鹅，并在它们身上做了标记，然后用飞机将它们运到了远离故乡1500千米外的一个海峡，再从5个不同的地点把它们放走。10个月后，这5只企鹅竟然不约而同全部返回了故乡。

另外一个实验是：当乌云蔽日时，将企鹅放走，它们似乎拿不定主意，在原地兜圈子；但是当早晨6点钟把企鹅放走时，它们则会全体面向右边的太阳，因为那儿是正北方。12点过后，太阳渐渐移到它们左边，它们却不受影响，仍然面向北方。

为什么企鹅总是向北方前进呢？有人认为，从南极大陆通向海洋的方向都是北方，它们每年离开故乡时都是向北方前进，返回故乡时，要调转180度，久而久之便形成了一种习惯。

但是，在漫长的旅途中，遇海要游泳、遇冰要步行，更多的时日是面对狂风暴雪，暗无天日，然而，企鹅总能校正航向从不迷路。其中的奥秘究竟在哪里，多年来，这仍是个谜。

家兔的眼睛是红色的

野兔是兔子, 家兔也是兔子。但是它们眼睛的颜色却不一样, 前者发黑, 后者发红。这是什么原因呢?

在野兔体内, 一般有保护作用的色素存在, 特别是黑色素, 所以, 它们的眼睛呈茶黑色。白色的家兔则由于遗传的变异而完全失去了这种色素, 所以它们的眼睛变得很透明, 以至于能清楚地看到里面的毛细血管。也就是说, 我们所看到的家兔眼睛的红色是其血管中血液的颜色。

这种现象不单见于兔类, 其他种类的动物中也有发现, 即使是野生动物, 也不例外。鼠类中的大白鼠和小白鼠，就是由这种遗传变异而产生出来的种类。在我们人类中，也有这种遗传变异的现象，常称之为"白化病"。这种现象和体内产生的缬氨酸有关，缬氨酸是合成身体黑色素的组成部分。兔和鼠的这种变异，产生出来的种类比较稳定，所以形成了单独的物种。

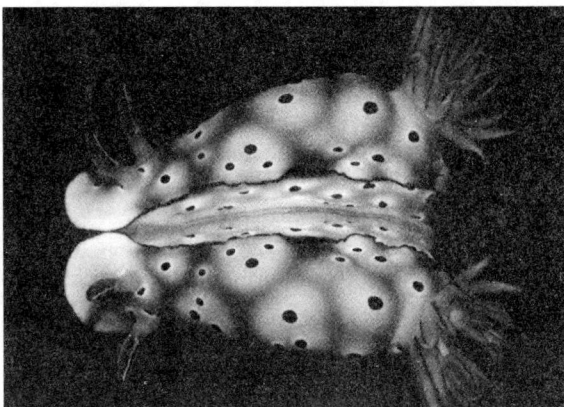

家兔的毛色多种多样，它们的眼睛也有各种不同的颜色，如天蓝色、红色、炭色、茶褐色、黑色等。家兔之所以有各种颜色的眼睛，是因为它们身体中含有各种色素的缘故。眼睛的颜色，一般与家兔皮毛的颜色相一致。如眼睛是天蓝色的兔子，身体内就含有蓝色色素；灰毛兔的眼睛就是灰色的。

那么，为什么白兔的眼睛是红色的呢？是不是白兔体内有红色色素呢？

原来，白兔是属于不含色素的品种，所以它们的皮毛是白色的，它们的眼球本身也是无色的，我们所看到的红色，只是因为眼睛里的血管清晰而透明，所以看起来总是红红的。

判断家兔年龄的方法

计算家兔年龄的方法一般为：从出生到45天的为仔兔；45~90天为幼兔；4~6个月属中兔；7~18个月算青年兔；18~30个月是壮年兔；30个月以上则属于老年兔。根据其爪、牙齿等外观变化，也可以分出青、中、壮年等年龄阶段的兔。

我们可以根据家兔爪子的变化特征来判断家兔的年龄，这也是比较准确和简单易行的一种方法。一般爪越长、越粗硬和越向趾内弯曲者，年龄越大，爪子较短、平直和锐利并隐藏在脚毛里的为青年兔，兔的脚爪是随年龄的增长而逐渐露出脚毛之外的。白兔和长毛兔的后脚爪的前半部为白色，后半部是粉红色。识别时，可按1岁的兔，红色与白色的部分长度相等；1岁以内的，红色比白色的长；1岁以上的，红色比白色的短来判断。

根据门齿的变化和外貌神态来识别老、幼兔。一般小龄兔的门齿洁白、短小、整齐；幼兔目光敏锐，神态活泼，行动敏捷，毛鲜亮有光泽；青年兔的皮薄而紧；大龄兔的门齿暗黄无光泽、厚而长，排列不整齐或有破损；老兔眼皮下垂，目光呆滞，毛色欠鲜亮且粗硬，皮厚而松弛，行动迟钝，常蹲缩着很少活动，如长毛兔，其毛的上半截(毛尖部)为料毛，下半截(毛根部)为绒毛。

刺猬自涂

英国《伦敦新闻》在1955年10月29日刊出了一张刺猬"自涂"行为的真实照片：一只刺猬伸出舌头在舔某种具有强烈气味的物体，而且坚持在一点上反复舔，从而使口中积累起了具有大量泡沫的唾液。然后，它的头转向体侧，弯扭着身体，把唾沫涂擦在背部的棘刺上。如此反复进行，自涂时间至少可持续20分钟，甚至更长，直至刺猬的棘刺末端形成了一个令人讨厌的唾沫团。这就是刺猬自涂行为的整个过程。

经过进一步观察，原来这种自涂行为不仅在年幼及人工饲养的刺猬中较为常见，甚至在野生的成年刺猬背部的棘刺上也有唾沫遗留的痕迹。

由于刺猬的自涂行为没有规律性，因而给科学家重复实验和进一步研究带来了很大的困难，但人们仍然尝试对刺猬的自涂行为进行解释。有的认为自涂是动物的一种自我修饰，和人涂脂抹粉是一样的；有的认为那是动物的一种舒适移位活动；有的认为是动物除去皮肤上寄生虫的一种方法；也有的认为是动物掩盖自身气味以防被敌害发现；还有的则根据野生刺猬出现自涂行为大多在繁殖季节，认为自涂与动物的繁殖活动有关。

河马的家规

河马是一种过着两栖生活的大型哺乳动物，最大者长3米多，重3～4吨，比犀牛还要大，是仅次于大象且在世界上名列前茅的大型四足动物。最令人惊奇的是它们的大嘴巴，张开时上唇可以高过头顶，能张到90°，足可容下一个较大的孩子站立其中，比任何陆生哺乳动物的嘴巴都要大，因而有人称它们为"大嘴兽"或"大嘴巴动物"。

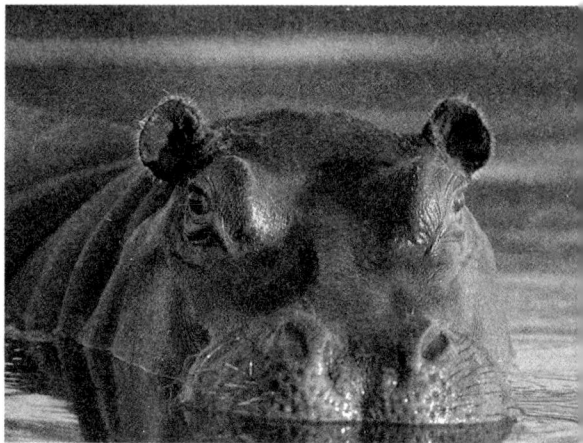

河马是非洲的特产动物，喜欢集群活动，通常每群约20只，它们在河中或湖里生活时，都必须遵循一条不成文的"家规"：雌的和幼的河马占据河流或湖沼的中心位置，年长的雄河马在它们的外缘，年轻的雄河马离它们更远。谁要是越规，就会受到整群河马的"谴责"。但是在繁殖季节里，发情的雌河马是允许进入雄河马的地盘的，并会得到主人的热情接待。相反，若是一头雄河马闯入中心位置，那里的雌性和幼年河马虽然不会驱赶，但它也必须严格遵守"家规"——站立或蹲伏在水中，不准乱碰乱撞。一旦违背这一"家规"，它将受到其他雄河马的共同攻击。

科学家在野外观察河马时，还常常发现它们的背脊上流着"血"。这究竟是怎么一回事呢？经过研究，才知道这并不是血，而是从它们汗腺里排出来的汗液，俗称"血汗"，用来湿润皮肤，否则皮肤离水久了，加上当地气温高和光照强烈，不久就会干裂。

黑熊的冬眠

　　栖息在不同纬度的黑熊，其冬眠习性是不一样的。冬眠之前的一段时间，黑熊每天要花20多个小时，尽最大的努力去寻觅营养最丰富的食物，吃得膘肥体壮，在皮下积累厚厚的脂肪，储备丰富的能量以供冬眠时消耗。冬眠时间最长的黑熊，一般会从每年10月开始，一直持续到第二年3月，时间大约为6个月。

　　冬眠的场所多为隐藏在密林深处的阳坡树洞或嵩涧，洞口朝天的叫作"天仓"，洞口靠近地面的叫作"地仓"，黑熊有时也会利用倒在地上的树根扒坑作仓。进涧冬眠之前先用树枝、树叶等封住洞口，整个冬眠期间，黑熊不吃、不喝、不动，也不排泄体内的废物。它们在冬眠之前直肠内会形成一个结实的栓形粪便，俗称

"粪栓"，冬眠醒来后再将其排出体外。

　　真正的冬眠动物，如松鼠、土拨鼠和一些爬行动物，在休眠时的心率和呼吸会减弱，体温下降到仅比周围环境稍高一点的水平，躲在洞里沉沉睡去，没有任何知觉。虽然黑熊在冬眠时的心率和呼吸有明显下降，但体温却只有稍稍下降，睡得并不沉，警惕性也很高，随时都可以醒来，有时还会出来晒太阳以升高体温、抵御严寒，对外界情况的反应也和平时一样灵敏。一旦受到惊扰，就会冲出洞外进行反击，如果逃离此处，便再也不会回到原来的洞穴。因此，很多人都认为，黑熊不能算是真正的冬眠动物，而是介于冬眠与非冬眠之间的一个类型。

　　冬眠之后，由于体内脂肪消耗很多，体重减轻，需要补充能量，所以它们每天都要花大量的时间去觅食。到每年7~8月的繁殖季节，黑熊的性情则会变得异常凶猛。雌兽的孕期大约为7个月，一般在冬眠后的1~2月产仔，每胎产1~2仔。幼仔出生时体重约为250克，1个月后才睁开眼睛，但生长进度很快，3个月后就能跟着雌兽外出活动了，约5个月时断奶，4~5岁时达到性成熟。

黄鼠狼其实不爱吃鸡

俗话说："黄鼠狼给鸡拜年——没安好心。"它们也因此落了个"偷鸡贼"的恶名，这实在是冤枉了它们。

生物学家曾对全国11个省市的5000只黄鼠狼进行了解剖，从它们胃里所剩的残骸鉴定，其中只有2只黄鼠狼吃了鸡。后来，又做了活黄鼠狼的食性试验：第一天晚上，在黄鼠狼的笼子里放进活鸡、带鱼。结果活鸡安然无恙，带鱼却被吃掉了；第二天晚上，放进鸽、鸡、老鼠和蟾蜍。结果老鼠被吃掉了，蟾蜍被吃掉一部分；第三天晚上，放进鸽、鸡，黄鼠狼将鸽子全都咬死了……最后一天，只放进活鸡，黄鼠狼在没有第二种食物可以选择的时候才吃了鸡。由此可见，只有在极端缺食、无可奈何的情况下，黄鼠狼才会吃鸡。

其实黄鼠狼爱吃的是鼠，它们还是捕鼠能手呢！黄鼠狼一看见野鼠，就会猛扑过去，用嘴咬住鼠头，连吞带咽，一下子就吞进了肚里。据统计，一只黄鼠狼一年能消灭300~400只鼠。黄鼠狼能追寻鼠迹发现鼠窝，然后掘开鼠洞，将其整窝都消灭。人们还发现凡是黄鼠狼出没的地方，老鼠就少。所以黄鼠狼并不是什么"偷鸡贼"，而是人类的好朋友。

其实黄鼠狼真正的"冤家"不是鸡，而是蛇。如果将黄鼠狼和蛇放在一起，就会发生一场恶斗。它会东跳西跃，对准蛇头，猛咬一口，而蛇只是蜷曲着身子企图把黄鼠狼缠住，而黄鼠狼却千方百计地设法躲避，并且伺机进攻，直到把蛇咬死吞掉为止。黄鼠狼有时也会被毒蛇咬伤，但由于它们有惊人的抵御蛇毒的能力，所以不会严重中毒。

为什么要给家马钉铁掌

提到家马，就会让人联想到它们快速奔跑的样子。当马快速奔跑的时候，人们就会联想到"哒哒……"的马蹄声。为什么家马在奔跑时会发出那么大的声音呢？原来人们给家马的脚穿上了"铁鞋"——铁掌。

为什么家马的脚上要钉铁掌呢？

原来，家马属于奇蹄类动物，四肢上都只有一个大的中趾支撑着身体，其他趾在长期的进化岁月中退化了，后足距骨的上部形成了滑车，所以只有一个方向可以弯曲。现在的家马在这个趾上有类似趾甲的蹄保护着，这样就可以支持以及增加蹄与地面接触的面积。

蹄实际上是一种角质化的坚硬皮肤。位于趾的前面和侧面的角质层比较坚厚，称为"蹄壁"；位于趾的底部前面部分的角质层称为"蹄底"。蹄壁和蹄底都与趾中的蹄骨紧密结合在一起，组成一个整体，在奔走时不致摇动。趾的底部，即蹄底的后面部分，角质层较柔软，有一定的弹性，可以缓和来自地面的冲力。蹄并不是全部着地，着地部分仅限于蹄壁的底缘，与地面的接触面积较小，最适于在干燥的原野和大路上奔驰。

家马的蹄能持续不断地生长，用来填补马蹄在奔跑中的磨损。但是，马蹄既然是一种角质化的坚硬皮肤，又是身体重量的支点，经常在坚硬的地面上摩擦，久而久之，蹄上就会出现凹凸不平的磨蚀现象，影响家马的速度和负重能力。在大多数情况下，家马常在非自然的硬地面上，如铺过柏油的路面或碎石路面上行走和奔跑。为避免马蹄磨损速度超过其生长速度，人们想出了一种办法，在马蹄上钉一块铁掌来保护马蹄，防止蹄的磨损。

钉铁掌需要掌握一定的技巧。在钉铁掌前，必须用蹄刀修整蹄形，把蹄壁的底缘削平，然后选择合适的铁掌，使蹄与铁紧密贴合，再把蹄钉捅入钉孔。下钉的部位是蹄壁底缘与蹄底之间的环状白线处。钉下的蹄钉要向外穿出蹄壁，而且不能伤及家马的触觉部分。露出蹄壁的钉尖截去一部分，剩下钉的断端弯曲并贴紧蹄壁，以使铁掌固定在马蹄上。

给家马钉上铁掌之后，还不能算万事大吉。因为马蹄的角质部分像人的指甲一样能不断生长，还需要适时的检查和修整，否则，蹄就会变形，钉上的铁掌也发挥不了作用。因此，钉过马掌的家马每年都要进行几次修蹄，铁掌磨损过多的需及时更换，只有这样，才能更好地保护马蹄，也有助于其发挥千里马的威力。

壁虎不会从墙上掉下来

壁虎的种类繁多，主要分布在热带地区，那里食物充足，气候也非常适宜它们生存。

在许多国家，壁虎被当作受欢迎的客人，和人类共同居住在一起。到了夜晚，人们安静地入睡了，壁虎却出来捕捉蜘蛛、甲虫和别的小动物。它们能在光滑的墙壁上行走自如，一点都不用担心会掉下来。因为它们的脚趾上有许多细小的皱褶，靠着这些皱褶，墙壁表面再光滑，壁虎也能牢牢地钩住。

蜘蛛网粘不住蜘蛛

　　蜘蛛的肚子里有许多丝浆，它们的尾部有很小的孔眼。结网的时候，蜘蛛便将这些丝浆喷出去。丝浆一遇到空气，就会凝结，并且会变得带有黏性。无论什么飞虫，只要撞到网上就别想再跑掉。而蜘蛛的身上和脚上能经常分泌出一层油脂，这层油脂使得蜘蛛在网上行动自如，而不必担心会被粘住。因为一般的飞虫都没有这层油脂，所以，蜘蛛网能牢牢地黏住飞虫却粘不住蜘蛛。

河马喜欢泡在水里

河马是草食性动物,生活在热带的非洲,那里气候相当炎热,而它们却适应了这种炎热的生活环境。它们的适应方式就是泡在水里,从而减少热流的袭击,并逐渐养成了习惯。

河马的身体笨重,没有对付敌害的武器。无论是体重高达数千千克的大型河马,还是体重仅一二百千克的小型河马,它们的自我保护能力都较弱。所以,白天它们一般都待在危险较少的水里休息,等到夜幕降临、敌害减少时,它们才会爬到岸上觅食,天亮时又会回到水中。

河马觅食的时间和行为是河马习惯泡在水中的另一个原因,由此可见,河马喜欢泡水的习性,是天敌和严酷的气候"逼"出来的。

动物夏眠的奥秘

动物会"冬眠",早已为人所熟知,但若说在自然界里还有会"夏眠"的动物,那就鲜为人知了。夏季时,有些动物的生命活动处于极度低迷的状态,这是某些动物对炎热和干旱季节的一种适应。

在非洲东南部的马达加斯加岛上,有一种箭猪,素以蚯蚓为食。到了炎夏,蚯蚓几乎绝迹,它们只好用"夏眠"来熬过这段艰苦炎热的日子,直到夏天过去,秋初到来,箭猪才会醒来觅食。

在南非西部有一种个头肥大的野兔。它们的体内存储着厚厚的脂肪,畏暑怕热,所以,在盛夏的两个多月里,它们几乎不吃东西,整日躺在洞里睡大觉。沙漠中有一种蝰蛇,到了大热天,它们就将整个身子隐埋在沙土中,沙面上仅露出两只闭合的眼睛。它们一面避暑,一面埋伏,等待猎物。等到天气凉爽了,它们才会从沙土中钻出来活动。

蜗牛喜欢阴湿温暖的环境,一到高温干旱的夏季,它们就会躲进自己背上的"大房子"里避暑。在非洲大沙漠里的蜗牛,每当盛夏来临时,它们就会缩进壳内,然后钻到沙砾中藏起来睡大觉,直到天气转凉,它们才从沙砾中爬出来活动。

动物的冬眠

在动物界中，冬眠是某些动物用来抵御寒冷、维持生命的特有本领。冬眠时，它们的体温会随之下降，活动也会跟着停止，此时身体所消耗的能量也会随之减少，并且它们的神经已经进入了麻痹状态。就这样，即使在不进食的状态下，它们也能维持生命。

比如，大黑熊会在严寒的冬季躲进树洞里睡大觉。饿了就用舌头舔舔它们那富有营养的熊掌。蛇和蟾蜍都钻进洞穴里，不吃不喝，一动不动地待在里面，直到来年天气暖和了，它们才会出洞活动。

科学家对动物的冬眠现象进行了几个世纪的研究，他们发现，动物皮层下有白色的脂肪层，可以有效防止体内热量的散发。动物的皮下脂肪一方面可以保持体温，更重要的是能供给冬眠时身体所需的能量。一般动物在冬眠前的体重比平时重1~2倍，冬眠之后，体重就会逐渐减轻。当气温下降时，冬眠动物的感觉细胞就会向大脑发出信息，刺激脂肪里的交感神经，使动物的体温刚好保持在免于冻死的状态。

由此可见，当冬眠动物的体温下降时，肌体内的新陈代谢就会变得非常缓慢，所以仅仅能维持它们的生命。

为什么每年到一定时候，动物就会进入冬眠状态呢？科学家的结论是，冬眠动物的血液中可能含有一种能诱发冬眠的物质。而且，冬眠时间越长的动

物，其血液诱发冬眠的作用越强烈。

为了证实以上推测，科学家以黄鼠为实验对象，在实验中提取冬眠黄鼠的血液，然后把这些血液注射到活动的黄鼠的静脉中去，并把活动的黄鼠放进温度较低的房间，房间的温度保持在7℃。几天之后，它们就进入了冬眠状态。这个试验证实了很有可能存在诱发动物自然冬眠的物质。

然后，科学家又从冬眠动物的血液中分离出了血清和血细胞，并分别注射到两组黄鼠体内，实验证明血清和血细胞都能让动物冬眠。然后再对血清进行过滤，并将得到的过滤物质和残留物质分别注射到黄鼠体内，发现引起黄鼠冬眠的是过滤物质。人们从中得到启示：只有血清中一种极小的物质才能诱发动物冬眠。有趣的是，用冬眠旱獭的血清诱发黄鼠冬眠的效果最好，无论什么时候，也不管是在冬天还是在夏天，都能诱发黄鼠进入冬眠。而且，不光是诱发物决定冬眠，诱发物和抗诱发物之间的相互作用也对冬眠有影响。除了春季的一段时间，动物全年都在制造诱发物。诱发物多的秋、冬季节，动物就开始进入冬眠，到了春季，抗诱发物增多，动物就从冬眠中苏醒过来了。

科学家判断，冬眠的动物可能一年到头都在"制造"诱发物质。抗诱发物质可能是在进入冬眠后才开始产生的，并且其产量是直线上升，直到春暖花开才逐渐减少。当抗诱发物质在血液中的浓度足以控制诱发物质的时候，动物才能从冬眠中苏醒过来。

至今，人们仍然未能完全揭开动物冬眠的奥秘，探索还在进行中。

"鹤顶红"没有剧毒

丹顶鹤又名"仙鹤",我国民间将其看作长寿的象征。在各国的文学和美术作品中屡有出现。

自古以来,丹顶鹤头上的"丹顶"常常被认为是一种剧毒物质,称为"鹤顶红"或"丹毒",一旦入口,便会置人于死地,且无药可救。据说皇帝在处死大臣时,就是在所赐的酒中放入"丹毒"。大臣们也都置"鹤顶红"于朝珠中,以便急难时服以自尽。其实,这些说法都是毫无根据的。

由内分泌学知识可知,仙鹤的丹顶是腺体前叶分泌的促性腺激素作用产生的,也是第二性征的标志,所以丹顶鹤的丹顶完全是一种正常的生理现象,并不是剧毒。丹顶鹤的幼鸟是没有丹顶的,只有达到性成熟后,丹顶才会出现。丹顶的大小和色度并非一成不变。丹顶鹤在春季发情时,红色区域较大,而且色彩鲜艳;冬季则较小。根据丹顶鹤的情绪来说,轻松时红色区域较大,色泽鲜艳;恐惧时则较小。根据身体状况来说,健康时红色区域较大;生病时则缩小,而且色彩明显暗淡,其表面还略显白色。当丹顶鹤死亡后,其"丹顶"的红色就会慢慢褪去。

丹顶鹤是一种候鸟,常栖息于开阔的平原、湖泊、沼泽等地。它们常成对或结成小群活动,迁徙时则集成大群,性情机警,活动或休息时均有一只鸟做哨兵。迁徙时常排成"一"字形或"V"字形。主要以鱼、虾、水生昆虫及水生植物为食。它们的繁殖期在每年的4~6月,求偶时还会跳舞、鸣叫。它们的巢通常筑于具有一定水深的芦苇丛、草丛中。它们的寿命一般为50~60年。

此外,平常我们看到丹顶鹤时,它们一般只用一条腿站立,或者是在沼泽地以及河岸边站着，那是它们在休息。一般的游禽以及鸥类全都有用一条腿站立的休息习惯，当它们的一只脚疲倦时，就会换另一只脚，这样可以养精蓄锐。另外，用一只脚站立会比用两只脚站立看得更远，这样它们也可以及时防备敌害的突然袭击。此外，单脚站立还有保护脚的作用。丹顶鹤细长的腿上并不长毛，体内的热量很容易从腿脚部位散失，为了减少热量散失，丹顶鹤在休息时常会抬起一只脚，并且将另一只脚藏在羽毛下面。但它们在觅食时，却一直是两只脚都着地。

孔雀开屏的原因

孔雀是一种珍贵的观赏鸟类。有关其开屏的原因在民间有各式各样的说法，有人说它们是在得意扬扬地向人们展示自己美丽的羽毛；也有人说它们是因为听到人们的赞美，在报答人们的好意；还有人说它们是想与身着漂亮衣服的人们比美等。

事实上，孔雀开屏主要有两种原因。

每年4~5月是雄孔雀争艳比美、寻找伴侣的时候，这时它们全身的羽毛焕然一新，在山脚下开阔的草丛、溪河两边或田野附近活动，并不时用力摇晃身体，将美丽的尾羽竖起，展开时就像一把精致的宫扇，雄孔雀常常用羽色向雌孔雀献媚，张开美丽的翅膀和尾屏，追随在雌孔雀的周围，婆娑起舞，有开屏、舞步、弄姿、回转、奏鸣、抖动尾屏等动作，并会发出"沙沙"的声音，以求得到雌孔雀的青睐。有时几只雄孔雀会为了争夺一只雌孔雀而争相开屏，形成"选美竞赛"一样的奇观。所以，在春天繁殖的季节，为了吸引雌孔雀，雄孔雀经常会开屏来展示自己的美丽。

另一种原因就是，当孔雀遇到敌害时，也会开屏，这是孔雀在示威、防御。动物园里，游客们大声地谈笑以及鲜艳的服装等，都可能引起孔雀的戒备，从而刺激它们开屏。

有一位科学家发现，孔雀开屏也是有力的威吓武器。有一次，他看见一只狼正在逼近一只孔雀，情况十分危急，只见那只孔雀突然开屏，开屏时好像突然出现了无数绿色闪亮的"大眼睛"，把大灰狼吓了一跳。还没等狼反应过来，孔雀就已经逃走了。

鹦鹉学舌之谜

1981年，美国曾举行过一次别开生面的动物"说话"比赛。赛场上，数千只各色的鸟儿竞相学舌，最后，一只名叫普鲁德尔的非洲灰鹦鹉夺得了冠军。它一口气"说"了1 000个不同的英语单词，被誉为"最会说话的鸟儿"。

"鹦鹉学舌"的故事常使人们感到迷惑：这些鸟儿是否真的懂得自己所"说"的话的含义？

大多数科学家都对此持否定态度。他们指出，鹦鹉和其他鸟类的学舌，仅仅是一种模仿行为，也叫"效鸣"。鸟类没有发达的大脑皮质，鸣叫的中枢神经位于比较低级的纹状体组织中。因而它们不可能懂得人类语言的含义，更不可能具备运用语言的能力，他们做了一系列实验都证实了这一点。

然而，还有一些科学家在继续探索这个问题。美国帕杜大学女心理学家爱伦·皮普伯格教授就是其中的代表。

爱伦教授认为，过去的实验方法有一个共同的缺点：研究者都用实物来奖励鹦鹉，以使其认真"学习"，这就使得它们会为了取得食物而学舌，形成单纯从声音上模仿的条件反射。这样，实验结果就反映不出鹦鹉是否能理解自己所学语言的含义。

于是，爱伦教授设计了一套新的教学方法，叫作"对话——竞争法"。1978年，她和学生们从当地的小动物市场中选购了一只年龄为13个月的非洲灰鹦鹉，取名为"爱列克斯"，并开始对它进行实验。在教学中，由两个人分别担任不同的角色，一个当鹦鹉的"教师"，另一个当鹦鹉的"竞争者"，通过对话来进行教学。每次，他们都通过对话的方式，结合实物来"教"单词，这样就避免了鹦鹉单纯地从声音上模仿，而有助于它"理解"词的含义。

对爱列克斯的正规教学为一天4个小时，其余的时间生活在人们中间，自由自在地玩、说话、听话。研究小组避免用食物奖励鹦鹉，使鹦鹉的"语言"和吃不发生直接的联系。有时爱伦教授也奖励鹦鹉，当它正确地说出一样东西的名称后，就会奖励给它一个可以玩的东西，以提高鹦鹉说话的积极性。经过一年的"教学"，研究小组的"教学"取得了可喜的进展。

1979年，爱列克斯已经能正确地识别和说出23种东西的名称，如纸、木片、钥匙等。把这些东西放在它面前，它能一一识别，并分别说出相应的名称。它还认识和能说5种不同的颜色：红色、黄色、绿色、蓝色、灰色；能识别和说出4种不同的形状："两角形"(橄榄球形)、三角形、四角形(正方形)、五角形(正五边形)；它能数5以内的数字，还会说"喂""过来""不""这是什么""什么颜色""多少"等；它会把"要……"和相应东西的名词组合起来，把"要去……"和相应地方的名词组合起来，提出要什么或要去什么地方。

在研究中，爱列克斯还表现出了惊人的"自学"能力！

有一次，爱列克斯对着镜子发呆，它面对镜子里自己的影像，"自言自语"地问道："这是什么？什么颜色？"旁边的研究生就回答说："这是灰色。你是一只灰色的鹦鹉。"研究生把这一回答重复了三遍,没想到爱列克斯从此就学会了"灰色的"这个词。以后,它凡是见到灰色的物体,都能用"灰色的"来描述。这说明它已牢固地掌握了"灰色"的概念。

爱列克斯学会说"不"的过程也很有趣。起先,在"教学"中,每当它不愿意再学下去时,总是"嘎嘎"乱叫,或是把它要识别的东西扔在地上。在"教学"的第二年,可能因为常常听到人们说"不"这个词,它也开始用很含糊的发音说:"不。"起先是不分场合的,后来它就把"不"用到和人们的对话中,如果用得正确,就会得到人们的称赞。不久它就能正确地使用"不"。每当它不愿意再学习下去,或对提出的问题、出示的物体不感兴趣时,就会回答一声:"不!"

学会不少词汇后,爱列克斯就能把词组合起来,用来描述新奇的东西。它第一次看到蓝色封面的笔记本,就叫它"蓝色皮革"。

在爱列克斯所有的能力中,智力水平最高的要算它的数学能力。据研究,在鸟类中,鹦鹉的数学能力最强,在对实物的个数进行比较的实验中,它们能区别出"1个"和"7个",而鸽子最多只能区别"4"和"5"。鸡的能力更差,只能区别"1"和"2"。在以往的实验中,鸟类是通过某一训练的动作(如啄地面),来表示自己的判断。爱列克斯则与它们不同,它能用语言来数数,能准确地说出"5"以内的数,能说出"三张纸""四块砖"等数量和名词相结合的短句。然而,它有时也会把"三块木片"和"三角形木片"混淆。对于爱列克斯来说,难度最大的测验是把一些形状、颜色都很接近的物体混放在一起,例如把绿色的三角形木片和蓝色的正方形皮革放在一起,让它一一识别。

爱伦教授希望通过这些研究,彻底揭开鹦鹉学舌之谜,弄清它们这种不寻常的行为在生存竞争中的作用,从而对鸟类和动物的学习行为有更深刻的了解。

鸟类识途之谜

人类早在巴比伦时期就已经开始利用信鸽远距离传送信件了。鸽子可以从数千千米以外的地方找到回家的路,这是一种神奇的能力。鸽子的这种本能引发了人类的兴趣,这种鸟类是如何找到回家的路线的?一直以来都是一个没有解开的谜题。

后来,科学家在实验室里进行了一系列细致的行为试验后宣布,他们首次明确证明了鸽子具有磁性感知能力,就像简易的磁性罗盘,是利用地球磁场来导航的。

美国北卡罗来纳大学的生物学专家卡杜拉·诺拉博士在教堂山艺术科学院说:"关于鸽子能够识途的能力主要有两种理论:一种是鸽子靠嗅觉找到回家的路;另外一种是在它们的脑中有一个磁力图。我们的工作有力地支持了后一种理论。当然,这一理论还需进一步证明。"

诺拉的研究结果认为鸽子是靠地球磁场来识途的,这一观点也是比较令人信服的。其他研究结果则显示,鸽子识途的方法可能有多种,因为其他科学家也有另外的发现。比如,英国某研究人员曾发表了一份研究报告,声称解开了鸽子辨别归途之谜。他认为,鸽子认路回家的秘密其实非常简单和直接,像其他鸟类一样,它们经常沿铁路、公路、运河和其他人造航运、航空标志等飞行,并最终到达目的地。

这项研究是牛津大学动物学家进行的,他们对归家的鸽子进行了长达10年的研究,在最后一年半的时间里,他们采用了最先进的全球定位技术,得以跟踪这种飞禽所飞过的路径,误差在1~4米,非常微小。

牛津大学动物学系的研究人员说,经过十多年的国际研究,他们发现鸽子似乎并不依赖其与生俱来的辨别方向的本领,而是按照道路系统飞行,这确实使研究人员感到意外。如果作远距离飞行或首次飞行,鸽子会利用它们识别方向的天性,根据太阳和星辰来辨别方位。但只要飞过一次,鸽子就会根据自己熟悉的路线往回飞,就像人类在下班后驱车或步行回家一样。研究人员说:"有些人可能认为这种现象微不足道,但对我们来说却非常重要,因为这将涉及鸟类的记忆结构,以及在鸟类的眼里,地图是什么样子。"

可是，这一研究结果引起了一些鸟类研究专家的争议。法兰克福大学飞鸽研究专家威尔兹柯对牛津大学的研究结果表示了怀疑。他的研究结果表明，鸽子是利用太阳、地磁场，甚至是嗅觉等各种能力来认路的。威尔兹柯说，鸽子的喙部带有微小的磁铁粒子，通过它们可以和地磁场产生感应。很显然，威尔兹柯的看法与诺拉等科学家的最新研究结果是一致的。

现在科学家们比较一致的看法是，包括鸽子在内的鸟类可以通过本地的地球磁场来确定自己的绝对位置和相对位置。从地球的两个磁极发出的磁力线，在两极地区是垂直的，到了南北回归线以内的地区，转为平行。在高纬度地区，地球磁力非常强，而在低纬度地区，磁力就会慢慢减弱。由于磁力大小以及方向都不一样，就形成了一个个地磁路标。

有大量证据表明，鸟类可以依据这种地磁路标作为自己的导航系统。鸟类可能是通过眼部视网膜内的色素来感知地球磁场的强度和方向的。此外，在它们的上喙处，结晶状的类似磁铁矿的组织，也可以感应到地球磁场。但科学家们表示，这还不是鸟类的全部本领。从20世纪50年代开始，鸟类学家就已经认识到，鸟类将太阳作为罗盘来确定方向。太阳每天从东方升起，一般来说大约每小时运行15°，最后在西方落下。对于这个问题，鸟类绝对是专家。

进一步的研究发现，鸟类确定方向是综合多种线索和感觉的。更为有趣的是，随着环境的变化，鸟类可以对自己的方向决策系统做出相应的调整。例如鸽子在晴天会用太阳作为罗盘，但是当没有太阳时，它们就会主要参考感应到的地磁信号。那些在黎明和黄昏时分行动的候鸟，例如知更鸟，很有可能是通过日出和日落时的偏振光来确定方向的。

"坐"在树上睡觉的鸟

　　人类习惯于躺着睡觉，即便在某些特殊情况下能坐着入睡，但也总是睡得东倒西歪。不过鸟儿却大都是以双足紧扣树枝的方式"坐"在数米高的树上睡觉，并且它们从不会跌落下来。这是什么原因呢？

　　来自德国马普学会慕尼黑鸟类研究所的科学家不久前揭开了这一谜底。鸟类学家京特·鲍尔解释说，他与同事们经过研究后发现，人类和鸟类肌肉的作用方式有很大区别，而在进行"抓"这一动作时，更是完全相反。

　　鲍尔说："两者相比较，人类是去主动地抓，而鸟儿却是被动地抓。当我们人类想要抓住什么东西的时候，需要用力使肌肉紧张起来，而鸟儿只有用力使肌肉紧张起来，才能松开所抓住的物体。"而鸟儿在飞抵树枝时，其爪子的相关肌肉则呈紧张状态，当它们"坐"稳之后，肌肉便会松弛下来，爪子就自然地抓住了树枝。

　　鸟类和人类的睡眠也是不一样的。鲍尔介绍说："不同鸟类的睡眠时间也大不相同，鹟属的鸟基本只睡1～3个小时，而啄木鸟等洞穴孵卵鸟类则大约要睡6个小时，是睡得最长的鸟类。"科学家另外还指出，和人类相比，鸟儿没有"深度睡眠"这一睡眠阶段。它们大多只是进入一种"安静的状态"而已。因为它们必须随时警惕可能出现的天敌，以便及时飞走逃生。

鸡吃沙子的原因

　　家养的鸡常常在屋前院后找一些稻谷、麦粒、虫子等食物吃，东啄一口，西啄一口，有时还会啄进一些沙粒或小石子。看到这种情况，不论是大人还是孩子，都会感到非常吃惊：鸡为什么要吃沙粒或小石子呢？难道是沙粒或小石子里有什么特殊的营养物质吗？

　　其实，不是沙粒或小石子里有什么特殊的营养，而是鸡没有牙齿，它们和其他的鸟儿一样，需要依靠沙石等来帮助自己消化食物。

　　鸡长有嗉囊、腺胃和鸡胗等消化器官，嗉囊是它们食道膨大的部分，腺胃是鸡胗前的一个胃，鸡胗则是一个厚厚的由肌肉组成的袋，专门用来装沙石，也叫"沙囊"。当鸡找到食物后，由于没有牙齿，就会不停地啄呀啄，以便把食物啄得尽量小，然后生吞活剥地咽到嗉囊里，然后食物就会进入腺胃，在消化液的作用下，那些食物会初步软化。随后，食物进入鸡胗，随着鸡胗的一收一缩，鸡胗里沙石的棱角和初步消化的食物不停地摩擦起来，用不了多久，食物就会被磨成碎糊一样的物质。

　　鸡胗里的沙石，能帮助其消化食物。因此，鸡在吞吃食物时会吃一些沙粒或小石子，那是它们一种奇特的保健本领。存在这种现象的，还有鸽子和其他的一些鸟类。

鸵鸟喜欢把头埋在沙子里

据说，鸵鸟在遇到敌人的时候，会把头埋进沙子里，因为它们以为只要自己看不到敌人，敌人也就看不见自己。其实，事实根本就不是这样。鸵鸟虽然不会飞，但个子高、眼神好、奔跑速度也快，很多天敌都追不上它们，在紧要关头，它们还会用"飞毛腿"将敌人踢死。不过，有时候鸵鸟(特别是小鸵鸟)的身体较弱，跑不快，又打不过强敌，只得把身体紧贴地面。可它们这么做，并不是因为觉得自己看不见敌人，就没有危险了，而是因为它们羽毛的颜色和枯草、黄沙的颜色非常接近，把身体贴近地面可以骗过敌人、躲过危险。

所以，鸵鸟并不笨，它们只是在利用自己身上的保护色来帮助自己躲过危机。

鸠占鹊巢

弱肉强食是动物界生存斗争中最普遍的规律，鸟类的筑巢行为也不例外。除了偷取巢穴的"零件"之外，明火执仗地"打家劫舍"也屡见不鲜。特别是在以洞穴为巢的猛禽之间，抢夺巢穴的现象更是经常发生，每当适宜筑巢的洞穴不足时就会出现恃强凌弱、以大欺小的局面。红脚隼就最爱强占喜鹊和秃鼻乌鸦的巢，这常常要经过数天的激战才能抢夺成功。

这一现象其实在我国自古就有记载，《诗经》中有"维鹊有巢，维鸠居之"的诗句，"鹊巢鸠占"现象中所指的"鸠"就是红脚隼。但是为什么会出现这种占窝的现象呢？这除了与适宜的巢址和筑巢材料短缺有关外，更有可能是一种异常的生理现象：抢占巢窝的鸟类由于各种原因，耽搁了到达巢区的时间，但它体内的生殖腺却已发育到了产卵阶段。临盆在即，迫使这些红脚隼来不及筑巢，从而选择了"投机取巧""鸠占鹊巢"的霸占策略。

这样一来，红脚隼的数量和分布就与喜鹊巢具有相当紧密的联系了。近年来，红脚隼不但占据林中的喜鹊巢，也占据建在高压线电塔上的喜鹊巢，可见随着喜鹊繁殖地的改变，红脚隼的生活方式也随之改变了。它们也常停息在高压电线上，寻找地面上的猎物。因此，红脚隼的生存也与喜鹊息息相关。所以当人们捣毁耕地附近的喜鹊巢时，同时也对红脚隼的生存造成了威胁。

蝙蝠总是倒挂着休息

蝙蝠通常会在夜晚出来活动,白天它们在岩石的缝隙或岩洞中倒挂着睡觉和休息。那么,蝙蝠为什么不趴着或躺着休息呢?这样倒挂着睡觉不累吗?

原来,这与蝙蝠的身体构造有关,蝙蝠的前肢只有一个爪,可辅助攀爬,但不能用来着地。后肢短小,具有长而弯的钩爪,适于悬挂休息。由于蝙蝠用来飞行的翼膜十分宽大,当它们落在地面上时,只能伏在地上,身子和翼膜都贴着地面,所以无法站立或行走,也不易飞起来,只能匍匐爬行,很不灵活。如果在高处挂着,遇到危险时,它们就能随时伸展翼膜起飞,非常灵活。

水生动物之谜

海水鱼不会变咸的原因

大家都知道,若把鸭蛋放在咸水里,鸭蛋不久就会变咸,这是因为鸭蛋与咸水里盐的浓度不一样,这样,咸水中的盐就会往含盐度低的鸭蛋里渗透,渗透的盐多了,鸭蛋也就变咸了。海水是咸水,鱼类一生都泡在海水里,为什么它们不会变咸呢? 这是因为鱼类有一套系统是专门用来调节体内的盐分和水分的。鱼类血液和体液的盐度为7,海水的盐度是35。盐度不同,体内的水分就会往海水里散失,海水里的盐也会往鱼体内渗透。但是,鱼的鳃丝上有一种排盐细胞,也叫"泌氯细胞",能不断高效率地把进入鱼体内多余的盐分排出体外。同时,它们还会大量饮入海水,以补充体内散失的水分。这样,鱼体内就始终能使盐的浓度保持稳定,所以鱼是不会变咸的。若海水鱼进入淡水水域,体内的盐度比淡水高,就容易渗透出来,因为它们只有排盐细胞而没有吸盐细胞,它们将无法补给身体所丧失到淡水中的盐分,所以也就无法生存了。

把"孩子"含在嘴里的鱼

人们形容一个人特别溺爱孩子时，常常会说"放在手里怕摔了，含在嘴里怕化了"。可是，有些鱼还真是特别宠爱自己的孩子，它们常把自己的孩子含在嘴里。

由于鱼卵在天然水域中常常会遭到敌害的吞食和风浪的袭击，父母又照顾不过来，往往它们的孵化率和幼鱼的成活率都很低。为了保证幼鱼能很好地孵化和生长，有不少鱼想到了一种好办法，就是将卵含在口中进行孵化，这种孵化方式叫"含育"。

有一种罗非鱼，又称"非洲鲫鱼"，它们常会将受精后的鱼卵小心地含在嘴里孵化，呼吸时水流会从口腔经过，以保证有充足的氧气供应给鱼卵。当幼鱼孵出能自己游动时，罗非鱼才会把子女从口中吐出来，但仍会把它们带在身边，不让其远游。若遇到敌害，它们又会将幼鱼迅速含入口中，这样，当幼鱼具有了独立生活的能力时，它们才会让其离开自己。

在我国南海和印度洋一带生活着一种叫"天竺鲷"的鱼。雌鱼排卵后，雄鱼便十分细心地将卵一粒一粒纳入口中孵化。因为所含的卵块很大，所以它们的嘴是闭不上的，这样，它们十多天里都要忍饥挨饿，不能吃东西。小鱼出生后，雄鱼紧跟其左右，并细心地照顾它们，一旦遇到险情，它就会立即张大嘴巴，让小鱼躲到自己口中。

海 蛇

海蛇，顾名思义，就是生活在海里的蛇。它们主要分布在澳大利亚、中美洲西部、非洲东部和我国南部沿海地区，主要以鱼类为食。

海蛇为了适应水生生活，它们的身体结构和陆生蛇有着很大的差异。其身体前半部细小，呈圆柱形，后半部较粗，尾部侧扁如船桨。它们的鼻孔在吻端，朝上仰开，鼻孔内长有特殊的瓣膜，能随时开合。当它们浮上水面吸足空气后，能在水下待很长一段时间。它们的舌下长有盐腺，能把体内多余的盐分排出体外。海蛇之所以能在海里游来游去，是因为它们有一条扁扁的尾巴。

海蛇喜欢集群活动。每当雨季来临，河水变浑浊，水中就会夹带着大量的有机物质，海里的鱼虾也纷纷来到河水的入海口觅食，这样，成群结队的海蛇也会陆续来到这里捕食。等到雨季过后，鱼群离去，海蛇也会随之消失。

海蛇有毒，它们和陆地上的眼镜蛇是近亲，但它们的毒液比眼镜蛇毒液的毒性还要强50倍。当动物被其咬伤后，毒液就会随着伤口进入血液，从而威及生命。

海蛇虽然有毒，但肉味鲜美，是海中佳肴。海蛇的皮能用来制琴和装饰品，脂肪可以炼油。海蛇还具有较高的药用价值，与中草药浸酒，有祛风除湿、舒筋活血等功效。海蛇的毒素对治疗癌症、麻风病也有一定疗效。

海上霸王——虎鲸

虎鲸属于齿鲸类，广泛分布于各个海区，但主要以挪威至北极、南极、日本近海这3个海区的数量最多。它们巨大的躯体上分布着黑白分明的斑纹，眼后方有两块卵形白斑，体侧有一块向背后方向突出的白色区，以上特征很容易将虎鲸与别的鲸区分开来。

虎鲸是"嗜杀成性"的鲸，它们名字中的"虎"字指的是它们像陆地上的老虎一样凶猛残暴。但如果你见过虎鲸在海中捕食的情景，就会觉得其实它们比陆地上的老虎凶猛多了。

虎鲸的上下颌长着20多枚10~13厘米长的锐牙利齿，朝内后方弯曲，上下相互交错着。猎物一旦被它们咬住，那就成了它们的囊中之物，难逃"虎口"。

虎鲸非常贪食，海豹、小须鲸、海豚、灰鲸、白鲸、大型座头鲸，都是它们猎捕的对象。1862年，有人曾在一头虎鲸的胃中发现了13头海豚和14只海豹，由此可见，虎鲸是多么贪食！此外，各种鱼、海鸟、乌贼等海洋动物要是被虎鲸发现了，也难逃厄运。

虎鲸捕食时喜欢集群行动。捕鱼时，若干头虎鲸组成一个包围圈，将鱼团团围住，然后轮番冲入鱼群，美美地饱餐一顿后扬长而去。如果遇上大型哺乳动物，它们从不会退却，而是一拥而上，与对方展开一场殊死搏斗。蓝鲸号称"兽中之王"，由于个头太大，虎鲸拿它们没办法，但也敢冲上去咬几口，所以人们才管它们叫

"海上霸王"。

有人曾目击过一群虎鲸围攻一头幼年蓝鲸的场面：这头蓝鲸虽然尚未成年，但也有近20米长。虎鲸的身长只有9米多，但它们仗着"人多势众"，从前后左右、水上水下将蓝鲸包围了。它们轮番上阵，先将蓝鲸的背鳍咬掉，然后撕碎它的尾鳍，使它动弹不得，再一起扑上去，将蓝鲸身上的肉一大块一大块地咬下来，海面顿时被染成了一片血红。

虎鲸之所以会在海上横行霸道，还因为它们具有高超的游泳本领。它们的身体呈优美的流线型，行动敏捷，游起泳来花样繁多，一会儿仰游，一会儿翻滚，一会儿又将身体直立在水面上，简直是随心所欲。由于虎鲸游动时常常将背鳍突出在水面上，就好像戟(一种古代武器)倒竖在海上，因此它们又得名"逆戟鲸"。

虎鲸在大海中没有天敌，要是这个种群发展起来，那海洋里的生物岂不都要遭殃了吗？幸好虎鲸的繁殖率很低，这样就巧妙地保持了大自然的平衡。

齿鲸捕猎的方法

早在13世纪时，有一位修道士曾指出：鲸是依靠吻部的琥珀彩色把鱼儿引诱到口中吃掉的。直到19世纪，捕鲸者几乎还都相信，鲸是靠着口部鲜艳的色彩来捕食猎物的。

随着海洋生物科学的发展，以上这些缺乏科学根据的推测被人们否定了，但是新提出来的一些解释仍然属于推测，只不过具有了一定的科学性。

人们首先想到的是，齿鲸具有尖利的牙齿，所以它们一定是靠牙齿捕食。这个想法很合乎情理，可惜不符合事实。鲸类学家曾对抹香鲸做过长期观察，发现它们的牙齿磨损严重，甚至完全脱落，即使这样，抹香鲸仍然能够捕获和吞食大王乌贼。

有些鲸类学家在进一步研究后又发现，和古代的齿鲸相比，现代齿鲸的牙齿已经排列得不那么整齐了，这就说明，齿鲸当年有可能是用牙齿来捕食的，但它们逐渐抛弃了这种捕食方法，而改用新的方法了。

那么新的方法又是什么呢？从水下的录音我们可以知道，齿鲸能够发出很多种声音，如吱吱声、咆哮声以及其他古怪的声音。齿鲸为什么要发出这么多声音来呢？有人推测，这可能和它们的捕食有关。一方面，它们可以利用回声定位的方法来确定猎物的位置；另一方面，当猎物的位置被确定后，它们就会用自己强烈的声音把猎物吓昏，至少将其吓得魂飞魄散，这样就可以不费吹灰之力将猎物吃掉。

海豹干尸的形成原因

我们都知道木乃伊是人的干尸，分自然形成和人工制成两种。有趣的是，在大自然中，也有许多种动物的干尸，海豹干尸就是其中一种。

这些海豹干尸是在南极洲被发现的。它们的体长大约在1米左右，属于幼年海豹，身体完好无缺，一点儿也没有腐烂。让人感到奇怪的是，这些海豹干尸不是出现在海滩上，而是出现在远离海岸大约60千米的干谷里。

对于这些海豹干尸的形成原因，科学家们做了大量的分析和探讨，并做出了以下几种解释：

第一种是"海啸说"。持这种观点的科学家认为，在很久以前，南极地区发生过强烈的海啸，那些幼年海豹因身体轻、力气小，就被海浪抛进了干谷，慢慢地变成了干尸。

第二种是"古海说"。持这种观点的科学家认为，在古时候，这些干谷或许还是一片汪洋大海，后来由于海平面降低，海水退落，这些幼年海豹没能及时随水流进入海洋，便死在这里，慢慢地变成了干尸。

第三种是"迷向说"。持这种观点的科学家认为，海豹喜欢爬到岸上晒太阳，而一些海豹在晒太阳的时候，很容易迷失方向，找不到回家的路。当它们进入干谷深处，时间一长，就会因缺少食物而死亡，便慢慢地变成了干尸。

这三种观点都有一定道理，但都属于猜测。真正的原因还有待科学家进一步探索。

头足类"婚后死亡"之谜

乌贼、章鱼和鱿鱼同属软体动物门的头足纲，号称"头足类三兄弟"。这"三兄弟"的长相和生活习性都各有特色，但它们却有一个共同的特点，那就是它们都会在婚礼结束、生儿育女后不久相继死去。

这"三兄弟"的一生都只有一次生育机会。交配之前，雌雄个体往往会举行非常隆重的"婚礼"。可惜的是，婚礼之后紧接着的就是"葬礼"。雄性个体在婚礼后7~10天内便会死去，而雌性个体在等到后代从卵中游出后，也会走向死亡。

这是什么原因呢? 科学家们经过研究后发现，在雌性个体的眼窝后面，有一对腺体，这对腺体在婚礼之后，会分泌一种液体，这种液体由雌性个体传给雄性个体，使双方都食欲大减，经过一段时期的绝食而走向死亡。因此，科学家们将这种腺体称作"死亡腺"。为了探索"死亡腺"的秘密，他们对雌章鱼做了一系列实验。

科学家们将雌章鱼眼窝后的一对腺体切除了一只，然后观察它的变化，结果雌章鱼仍然不吃东西，但是它的寿命却延长了100天。他们又将另一只雌章鱼的两只腺体都切除，结果发现，雌章鱼突然放弃了绝食行为，开始大吃大喝，并且脾气变得非常暴躁，不过它的寿命却得以延长，多活了9个月。看来，确实是"死亡腺"所分泌的激素对章鱼产生了影响，使它们主动放弃了生命。

那么乌贼和鱿鱼之死是否也是出于同样的原因呢? 科学家们还在做进一步研究，相信"头足类三兄弟"的死亡之谜不久就会被揭开。

会飞的鱼

"天高任鸟飞，海阔凭鱼跃。"人们都知道鸟在天上飞，鱼在水中游。可是，你见过会飞的鱼吗？

在浩瀚无垠的印度洋、太平洋和大西洋的水面上，人们时常可以看到飞鱼。飞鱼又叫"燕鳐""文鳐"，身体呈圆筒形，略呈扁状，颜色青黑，体长40～50厘米，游泳的速度快并且很灵活。飞鱼分布于温带和亚热带海域，在我国则常见于黄海、东海和南海。

飞鱼可以从水中跃出，能在距水面4～5米的高度飞行几十米的距离。有时这类鱼喜欢翱翔竞飞，此起彼伏，景象十分壮观。

飞鱼长有"翅膀"，不过它们的翅膀不同于鸟类的翅膀，而是一对宽大的胸鳍。飞鱼的胸鳍特别发达，但是它们胸鳍的基部没有像鸟类那样的运动肌肉，更没有胸大肌，所以飞鱼的"翅膀"是不能振动飞翔的。它们只能展开胸鳍，靠风力产生的浮力来滑翔。当它们要回到海洋中时，会先用尾鳍的下叶着水，然后收拢胸鳍，使身体急速下降，最后沉没在海中。

飞鱼生活在海洋上层，是各种凶猛的鱼类竞相捕食的对象。飞鱼跃出水面飞翔，多数情况下是为了逃避海里敌人的进攻，或是由于海船靠近，因马达的轰鸣受到惊吓而跃出水面。飞鱼的飞翔技能和海鸟相比相差甚远，所以也很容易被空中飞行的海鸟所捕获。

由于飞鱼主要借助海面吹来的海风进行滑翔飞行。因此它们的飞行方向和距离都会受到海风的限制。如果风力大，它们就飞得远；如果风力较小，那它们飞行的距离就较短，飞行的时间也不会很长，而且飞翔时很容易失控，有时甚至会发生"事故"：落到海岛上再也无法回到大海，或撞在礁石上死去。

更有趣的是，飞鱼具有趋光性。夜晚，飞鱼有时会落到船的甲板上。因为飞鱼的眼睛在白天比较敏锐，而在夜间却是盲目地完全靠风力飞行。当轮船在夜间航行时，如果在甲板上点亮一盏灯，飞鱼就会自投罗网地飞到甲板上。由于飞鱼肉质鲜嫩，口味鲜美，算得上是鱼中精品，所以人们常用这个办法来捕捉它们。

有的鱼不生活在水里

在我们的印象中，鱼如果离开了水，就无法继续生存下去。因为大多数鱼类都是通过鳃从水中获取氧气，离开了水，它们自然就会死亡。

然而，有的鱼却可以离开水。例如泥鳅可以用肠子作为自己的呼吸器官。泥鳅的肠子比较特殊，从嘴巴经过食道直通肛门，一点儿弯折都没有。当它们离开水时，肠道就能暂时代替鳃进行呼吸。因此，泥鳅离开水后仍然能生活一段时间。

在所有的鱼类中，最不怕离开水的就要数非洲肺鱼了，它们能离开水生活数月。平时，非洲肺鱼生活在沼泽地带的水中。到了干旱季节，肺鱼就会滚上一身泥巴，让泥巴在身体周围结成一层硬壳，只留一个小孔用来呼吸。非洲肺鱼会在硬壳里进入休眠状态，用体内的鳔进行缓慢而轻微的呼吸。这样，它们就可以安稳地度过长达几个月的旱季。等雨季到来，非洲肺鱼便会恢复自由自在的水中生活。

攀鲈是生长在印度、缅甸和菲律宾群岛的一种鱼，遇到干旱季节，它们也能在淤泥中栖息度日，倘若干旱持续的时间比较长，它们就不会在泥中忍受煎熬，而会去开辟新的生存领地。同时，它们会借助自身的胸鳍和鳃盖上锐利的钩刺在陆地上艰难地行走。

攀鲈的鳃边长着两个腔室，腔室内布满了微血管网，吸入的空气会在腔室中经过处理并分离出氧气，氧气随之通过微血管壁渗入到血液中，从而保证了攀鲈在陆地上的生存供氧。

鲑鱼洄游的原因

鲑鱼是名贵的海钓鱼与食用鱼，通常栖息在北太平洋和北大西洋的寒冷水域中。它们和其他鱼类在外形上最大的差异，就是在背鳍与尾鳍之间多长了一个小小的脂鳍。

鲑鱼是典型的洄游鱼类。它们通常出生在溪流的上游，1岁左右就会离开家乡，顺着河流游向茫茫大海。5～8岁时，鲑鱼在大海中已发育成熟，这时，它们就会游回到自己出生的溪流中产卵繁殖下一代。这一段洄游的路程，大多在160～320千米之间，最长可达2000千米。每年的9～11月是它们的繁殖期，成熟鲑鱼的身体从原来的银白色变成了淡红色，成群结队溯河而上，返乡产卵繁殖，其队伍总计数千条，甚至达数万条之多，绵延几十千米，非常壮观。

鲑鱼逆流而上，沿途不仅要经历岩石、瀑布、湍流等重重障碍，而且还要躲避水獭、熊的袭击以及人类的捕捉。只要稍不留神，返乡之旅就会变成死亡之旅。

鲑鱼究竟是用什么方法找到自己的出生地的呢？科学家们对此还没有达成一致的见解。有人认为鲑鱼可能和一些候鸟一样，是根据太阳与星辰来判定方位的；也有人认为鲑鱼的母河中有一种特殊的味道，它们根据这种味道就能找到自己的出生地。可能上述两点原因都跟鲑鱼知道它们的返乡路径有关。鲑鱼只要踏上返乡之途，一入淡水便不再摄食，因此在抵达目的地时，它们不但筋疲力尽、伤痕累累，而且体重都会减轻1/3左右。

到达出生地的鲑鱼，会使出最后的精力，在河底挖掘产卵场，然后雌鲑鱼产卵，雄鲑鱼向产下的卵子撒下精子，双双完成传宗接代的任务后，随水漂流，力竭而亡。

珊瑚五彩缤纷的原因

珊瑚绚丽的色彩令人惊艳,但珊瑚为什么会有这么多五彩缤纷的颜色呢?

澳大利亚科学家经研究后发现,使珊瑚拥有缤纷色彩的是一种荧光色素,它能调节光线对珊瑚共生海藻的影响,对珊瑚适应明暗不同的环境有重要作用。

珊瑚本身是一种动物,但大部分造礁珊瑚依赖体内的微型共生海藻生存,海藻通过光合作用向珊瑚提供能量。如果光照不充足,光合作用产生的能量也就不充足;但如果光照太强,又可能导致海藻死亡、珊瑚白化。

澳大利亚悉尼大学的科学家对大堡珊瑚礁不同深度水域的多种珊瑚进行研究后,在英国《自然》杂志上报告指出,在亮度不同的环境中,含有荧光色素的色素体位于珊瑚细胞内的不同位置,所起的作用也不一样。

在阳光强烈的浅水区,荧光色素主要位于共生海藻的上方,以散射和反射多余的阳光,避免海藻"晒伤"。而在较为阴暗的深水区,荧光色素通常位于共生海藻层之间或下方,通过改变光线的波长和方向散射阳光,以加强海藻的光合作用。

会爬树的鱼

大家都听说过"缘木求鱼"这个成语，它的意思是说人爬到树上去抓鱼，结果是白费力气，用来嘲笑那些做事不得要领的人。但世界之大，无奇不有，当我们看到弹涂鱼之后，就会发现，其实这个成语也并不是毫无道理。

弹涂鱼是一种分布于我国东海、南海海湾的经济类鱼类，又名"跳跳鱼"、"涂鳗"或"泥猴"。因营养丰富、肉味鲜美而闻名国内外。

弹涂鱼经常会从海水中跳到平坦的沙滩或潮湿的低洼地上。这主要是因为弹涂鱼的胸鳍基部长得长而粗壮，有点像陆生动物的前肢。它们的胸鳍不仅仅是作为游泳的器官，还有支撑身体的作用。它们依靠臂状胸鳍的支持以及身体的弹跳力和尾部的推动，得以在沙滩上跳动和匍匐爬行，有时还能爬到海边的树枝上去。

更特别的是，这种鱼虽然不能长期离开水生活，但是也已经习惯了陆地生活，它们必须不时地爬到陆地上来。除此之外，它们还具有猎取陆生昆虫和甲壳类动物的本领。

弹涂鱼既然是鱼类，那它们离开水后，靠什么进行呼吸呢？我们知道，鱼类大多是依靠鳃在水中呼吸，而弹涂鱼除了鳃以外，还能依靠皮肤来帮助呼吸，因此，即使它们离开了水，也依然能在陆地上生活。

从弹涂鱼的身上，我们可以清楚地看到，生命进化的过程的确是从水生逐渐进化到陆生的，它们为生命的进化提供了一个强有力的证据。

数量惊人的南极磷虾

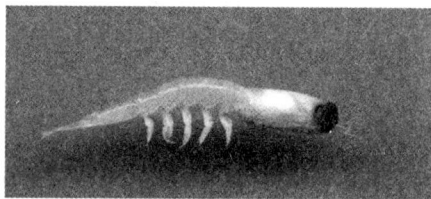

南极磷虾晶莹透亮，蓝青色中微带红色。因为在夜间它们的眼睛能闪烁出像磷火一样的蓝绿色光，故而得名。

磷虾广泛分布于南极海域。它们经常大群大群地到处游动，一群可达数千米长，通常有5~10米厚，这样一群磷虾的毛重可达数百吨。

南极为什么会生活着这么多磷虾呢？原来，南极大洋中的浮游生物非常多，这给磷虾提供了丰富的食物来源，因而磷虾繁殖得极快，数量也多得惊人。有人做过统计，磷虾最多的地方，每立方米海水中竟达6.3万只之多。有人估计，南极海域里每年蕴藏的磷虾资源有可能多达50亿吨。

但由于磷虾都是成群活动，所以在估计其总量时往往会有很大出入。有10个国家的船队对南极半岛周围和斯科蒂亚海以及东边一个海域的磷虾蕴藏量做了考察，大致推测出在450万平方千米的海水中分布有磷虾7800万吨。但是到了夏天，在近3 600万平方千米的海水中，磷虾的总量可达6.5亿吨。一种生物拥有如此巨大的数量不能不令人咋舌。

磷虾是南大洋生物链中最关键的一环，很多动物都以它们为食。据估计，各种鸟类每年能吃掉1.3亿吨磷虾，而海豹每年能吃掉1.4亿吨磷虾。鲸鱼吃掉的磷虾就更多了，每年要消耗掉1.9亿吨。

海獭善于游泳

海獭又叫"腊虎"，在外形上与栖息于河流、湖泊等淡水环境中的水獭很相似，但体型要比水獭大得多。整个身体粗厚似圆筒形，尾巴较短。成体的毛色为深褐色或黑褐色，只有头颈部呈浅褐色，幼体的毛则为黑灰色。吻部短而钝，触须发达，短而粗，呈白色。耳部相当发达，但没有耳屏和对耳屏，耳朵的位置也特别低，耳基几乎与嘴角处在同一水平线上。海獭的后足特别发达，又短又宽，趾间有蹼，外侧呈鳍状，很像海豹的后鳍足。

海獭分布于北太平洋的北美洲西海岸和亚洲东北海岸附近，即从美国俄勒冈州沿岸至阿拉斯加州沿岸、俄罗斯的堪察加半岛南岸以及科曼多尔群岛、阿留申群岛和千岛群岛一带。在食肉类动物中，长期栖居于海洋中的只有海獭和北极熊这两种动物，但北极熊的大部分时间都是在陆地上生活，很少到水里活动。与之相反，海獭一般很少登陆，一年中有95%的时间都是在海水中生活。海獭的游泳本领不仅比北极熊强得多，甚至可以和鳍足目的海狮、海豹、海象等海兽相媲美。

海獭主要在白天活动，通常结成小群。与其他动物不同的是，在非交配季节，群体中的成员都是同一性别，所以海獭的群体分为雄性群和雌性群两种。近海地区浓密的海藻形成了一个个巨大柔软的垫子，千姿百态，变化万千，圆柱形和伞状的水下植物如同一片墨绿色的森林。海獭喜欢漂浮在波浪之间海藻较多的地方，到了晚上，它们便会摇摇晃晃地爬上海藻垫，身体就像脱了节似的不停扭动，将海藻缠在身上，然后躺在海藻堆上休息，有时还会用前肢抓住海带，姿态极为潇洒。当海獭都在休息时，也会有专门的"警卫员"时刻观察周围的环境。如果遇到危险，它们便会立即发出尖锐的叫声，全体成员就会钻入海藻丛中隐藏起来。

螃蟹横着走路的原因

螃蟹之所以会横着走路，是因为受到地磁场的影响。它们需要依靠地磁场来辨别方向。在地球形成以后的漫长岁月中，地磁南北两极已经发生了多次倒转。地磁极的倒转使许多生物无所适从，甚至造成了灭绝。螃蟹是一种古老的洄游性动物，它们的内耳有定向的小磁体，对地磁场非常敏感。由于地磁场的倒转，使螃蟹体内的小磁体失去了原来的定向作用。为了使自己在地磁场的倒转中生存下来，螃蟹采取了一种"以不变应万变"的做法，干脆不前进，也不后退，而是横着走。从生物学的角度看，螃蟹胸部的左右比前后宽，8只步足伸展在身体两侧，它们的前足关节只能向下弯曲，这些结构特征也使螃蟹只能横着走。

或许，我们可以从螃蟹横行的方式中得到一些有关生活的启示。一个人生活在世界上，会遇到很多不以人的意志为转移的变化，而适应这些变化的最佳途径就是调整自己，否则就会像那些不适应地磁极倒转的生物一样，造成"灭绝"的惨剧。其实，对待生活的困扰，不前进，不后退，而是横着走，可能会另有一番天地。而当别人讥讽螃蟹走路的姿势难看时，谁也不能否认螃蟹横着走的速度会更快。

两栖爬行动物之谜

沙漠里没有青蛙

青蛙不需要喝水，那它们为什么不能生活在沙漠中呢？

原来，青蛙吸收水分的方式，和喝水的鸟类、哺乳动物、爬行动物甚至蟾蜍都有很大的不同。青蛙的皮肤不像一般的爬行动物那样具有隔绝水分的功能。一只口渴的青蛙，只要跳进水池，不用喝水就能吸收到水分。大量的水分是通过青蛙不隔水的皮肤渗入身体内部的。青蛙皮肤的渗透功能是双向的，水容易进入皮肤，也容易出来。所以，在火辣辣的阳光下，青蛙皮肤上的水分很容易蒸发掉，所以青蛙必须分泌更多的水分，才能保持皮肤湿润。青蛙需要潮湿的环境，还要有随时能让它们洗澡、游泳的池塘才能生存。在炎热干燥的沙漠里，青蛙根本就没有生存的机会。和青蛙是近亲的蟾蜍，对沙漠生活的适应能力倒是强得多，它们不需要全身浸泡在水里，只需舔食露珠，就能满足身体对水分的需求。

海龟"自埋"之谜

在人类的航海史上，海龟一直是人类的好朋友，在许多故事里，都有海龟救人的壮举。然而，海龟的"自埋"行为一直困扰着海洋生物学家们。海龟为什么要"自埋"呢？

有一个女潜水员名叫罗丝，有一次，当她潜入海底时，在淤泥里发现了一个被人丢弃的海龟壳。罗丝游了过去，先检查了一下周围的环境，然后将这个海龟壳拍了下来。罗丝伸手便去提海龟壳，突然，她惊讶地发现，原来这是一只活的海龟。这时，被惊醒了的海龟迅速抖掉身上的淤泥，转身游走了。不久，罗丝又发现了一只海龟壳，这是个大雌龟，它非常敏感，罗丝还没碰到它，它就搅动起淤泥逃跑了。几乎与此同时，另有2只埋在淤泥里的大雌龟也被罗丝的同伴们发现了。后来，她们还发现了一些海龟栖息过的泥穴。

其实，早在她们之前，就有人在美国的加纳维拉尔海峡发现了这种"自埋"的海龟。当时，许多潜水员都觉得十分稀奇。对此，海洋生物学家们各有见解，有人认为它们是在取暖，也有人认为它们是在冬眠，所以难以达成一致的见解。

为了找到真正的原因，海洋生物学家们对海龟进行了实地观察和研究。他们发现，在一些个头较大的雄海龟身上，寄生着很多藤壶，所以他们认为，海龟是为了摆脱藤壶的纠缠才钻进淤泥里的。可是一些科学家却亲眼观察到，有的海龟只是将脑袋扎进淤泥里进行"自埋"。它们头上的藤壶的确会因深陷淤泥缺氧而亡，可是这并不会影响到寄生在它们尾巴和身体中部的藤壶。此外，还有的大个儿雄海龟身上并没有藤壶，但它们也有"自埋"行为。由此，海龟为了清除藤壶而"自埋"的说法就被推翻了。

而且，通过他们的调查和研究，以前的那些猜测也被一一推翻了。

第一，罗丝记录下了当时海底的深度和水温。海龟"自埋"的海底深度为27.4米，水温是21.7℃。这就推翻了海龟"自埋"是为了取暖这一说法。

第二，根据她们观察到的情况来看，海龟并不是在冬眠，它们的"自埋"仅仅是一个短暂的现象。

到目前为止，海龟的"自埋"行为仍是一个不解之谜。随着海洋生物学家对海龟生活习性研究的深入，相信不久后，真正的原因就会浮出水面。

蟾蜍毒素的秘密

蟾蜍又叫"癞蛤蟆"，其背部的皮肤粗糙并生有疣粒，眼睛后面有一对能分泌白色浆液的毒腺，其毒液能对其他动物的口腔黏膜造成强烈的刺激。

在研究中，人们发现，如果把一只手术后的癞蛤蟆放入细菌大量繁殖的臭水沟中，它们的伤口一点也没有发炎、化脓或出现其他感染现象，这是为什么呢？人们一直试图解开这个谜，可是始终没能如愿。

美国生物学家扎·斯洛夫在进行遗传功能试验时，意外地发现癞蛤蟆体内含有麦格宁。麦格宁是由结构稍异、具有蛋白质结构的两条多肽混合而成的，这两条多肽又由23个氨基酸组成。它们在癞蛤蟆体内相互配合，共同杀死外来的细菌。这种有机化合物正是癞蛤蟆防御外来病菌、保护自己的"秘密武器"。后来，经过一系列提取、处理，人们在癞蛤蟆的身上得到了几毫克的有机化合物。这种化合物，对大肠杆菌、链球菌、葡萄球菌、酵母菌等都有极强的杀伤力，杀菌效果甚至超过了已发现的任何抗生素。

目前，科学家对"麦格宁"的研究工作还在继续进行。他们在研究中发现，这种有机化合物麦格宁并不是癞蛤蟆的"专利"，老鼠身上也有类似的物质，只不过在老鼠身上提取的这种类似的物质，比癞蛤蟆的低一些。

如今，人类正在对"麦格宁"的实际应用进行深入细致的研究，并试图用它来治疗烧伤和各种传染性疾病。同时，它的抗癌作用，也引起了人们高度、广泛的重视。

穿山甲善于挖洞

在我国南方丘陵山麓的林区，生活着一种善于掘洞而居的动物，挖洞之迅速犹如具有"穿山之术"。它们的外貌又会使人联想到龙或麒麟等古代神话中的动物，除了脸部和腹部之外，它们全身都披着500~600块呈覆瓦状排列的、像鱼鳞一样的硬角质厚甲片，不仅外观很像古代士兵的铠甲，而且硬度更是超过了铠甲，即使是牙齿锋利的野兽也奈何不了它们，故而被称为"穿山甲"。

穿山甲的四肢比较粗壮，前、后肢上各有五趾，趾端上的爪子粗大锐利，尤其是前肢的中趾和第二、四趾，非常适于挖洞，甚至连单层砖墙也能挖通。身后的尾巴呈扁平状，背部隆起，腹面平坦，可以用来支撑身体或者蜷曲起来保护身体。因此，它们的整个身体结构呈优美的流线型，可以减少在挖掘时的阻力。

穿山甲往往会选择坡度在30~40度左右的山坡筑造洞穴，很少在陡峭的地方，也不在平地上。它们的力气很大，如果在洞口抓住它们的尾巴，三四个人也很难把它们从洞里拉出来。它们更是挖洞的能手，挖洞的深度和速度都十分惊人，一天就可以挖出一条5米深、10余米长的隧道，真是名不虚传。穿山甲的洞穴一般只有一个洞口，挖洞时，它们会用粗大的尾巴钉住后方的地面，用前肢上的利爪挖土并推向后方，再由后肢把刨出的土向后推出。有时它们会先用前爪把土掘松，将身子钻进去，然后竖立起全身的鳞片，形成许多"小铲子"，身体一边向后倒退，一边把挖松的土铲下，拉出洞外。前进时，则会将全身的鳞片闭合，将洞顶刮抹得平滑而坚固。有人计算过，穿山甲每小时可以挖土64立方厘米，所挖出的泥土的重量相当于它们自身的体重。为了适应洞穴里氧气不足的环境，穿山甲的耗氧量大大低于其他哺乳动物。

变色龙能变色的原因

科学家们认为，变色龙变换体色不仅仅是为了伪装，它还有另外一个重要的作用，那就是在同类之间进行信息交流，这就好比人类的语言，有助于和同伴沟通。

变色龙具备变换体色的特性，恰恰印证了达尔文"物竞天择"的自然进化论。一般来说，每一种动物都有自己的捕食方法和防御措施，变色龙是一种昼夜活动的爬行类动物，它们的栖息地主要是树木及低矮的灌木丛，有时它们也会居住在低矮的叶子下面，借助杂乱的叶子隐藏自己。变色龙的变色性能使其猎食策略更加出其不意，与其他动物不同的是，变色龙不喜欢主动出击，它们会改变体色使自己与周围的环境融为一体，然后在原地一动不动地等待猎物的到来，有时一等就是好几个小时。同时，变色龙的防御措施也与体色的变换密切相关，当入侵者来袭时，它们无法与之对峙，因此，最有效的防御措施就是伪装，快速变换体色与树枝或树叶融为一体时，常会化险为夷。

据动物学家研究，变色龙在一个昼夜，能改变体色6~7次，当太阳西下，夜幕降临时，它们的身体呈现褐红色，可与灿烂的晚霞相媲美；夜深人静时，它们的身体又会呈现黄白肤色；东方发白时，它们又会以深绿色的面貌出现；红日升出地平线时，它们就会披上橘红色的衣裳；日当正午，烈日当头时，它们又会披一身黄红色的衣服，静静伏在树枝上晒太阳。真是太神奇了！

为什么变色龙会随着周围环境的变化而改变体色呢？原来，它们的皮肤组织内埋藏着7种色素细胞。这些色素细胞能随着环境、温度的改变以及光线的强弱而变化，所以它们对环境有较强的适应性。

科学家们的最新研究成果表示，变色龙变换肤色并不纯粹是为了隐藏自己，而是其身体对光和周围温度的一种反应。若将一片蕨叶放在变色龙身上，它的皮肤上就会留下一个蕨叶的图案。

扬子鳄爱吞食石块

鳄鱼是一种爬行动物，也是水陆两栖动物，多分布在热带地区。扬子鳄仅生活在我国安徽、江苏、江西、浙江等江河水域的沼泽地区。扬子鳄以鱼、虾、蛙、蚌、小鸟及鼠类为食。它们还有吞食石块的习性，为了寻找石块，往往要跑很远很远的路程。

扬子鳄为什么爱吞食石块呢？原来它们在进食时只能将猎物撕碎吞食，因为它们的牙齿没有咀嚼、切断食物的功能，而且扬子鳄胃部的消化功能又很弱，所以它们和小鸡吞食碎石、砂粒一样，必须靠吃石块来将猎物的骨头及甲壳之类的硬的食物磨碎。它们胃肌的收缩非常有力，与石头配合就像搅拌机一样，能很快将动物硬壳和骨头磨碎。

科学家经过研究后发现，无论扬子鳄的体型是大还是小，其胃中石块的重量总保持着一定的比例。原来，扬子鳄体内的这些石块能增加它们的体重，有助于它们在水底静卧或稳妥地行动，哪怕是急流巨浪也无法把它们冲走。石块还有助于扬子鳄潜水和在水下拖动巨大的猎物。科学家认为，凡是胃里存在大石块的扬子鳄，它们的潜水能力要大大高于胃里没有大石块的同类。这便是扬子鳄吞食石块的另一个原因。

鲨鱼认路的办法

我们都知道鲨鱼能在广阔的大海中自由自在地遨游，并且能行进很长的距离。但在长距离的远行之后，它们并不会迷路，而且还能回到刚开始出发的地方，这又是什么原因呢？

科学家猜测鲨鱼能根据地球磁场来定向，但却一直没有找到确切的证据。最近，美国夏威夷大学的研究小组终于在实验室里通过实验证明，鲨鱼确实能根据磁场来确定自己的运动方向。

研究小组在一个直径为7米的鲨鱼池周围安放了线圈，只要一通上电流，就会形成磁场。首先他们在投入食物的同时，也启动开关形成磁场，这时鲨鱼不再漫无目的地在鲨鱼池"闲逛"，而是直接朝食物投放地点游去，并开始快乐地享用自己的美餐。当鲨鱼熟悉了这一情况，将磁场的出现与食物投放联系起来之后，研究人员只启动磁场，并不投入食物。这时鲨鱼依然会直接游向食物投放地点，虽然那里并没有美餐在等待它。特别重要的是，在做这些实验时，鲨鱼既看不到研究人员，也看不到那些线圈，接通开关产生磁场的时间也是随机选定，没有固定的规律。因此，促使鲨鱼在没有看到食物的情况下，直接奔向食物投放地的原因，只能是它们感应到了在鲨鱼池中出现的磁场。

研究小组推测，鲨鱼自身有一个"生物罗盘"，能在身体周围产生一个强度不很大的磁场。鲨鱼通过这一磁场的变化，就能确定地球磁场的强度和方向，从而根据地球磁场来确定自己的方向。

龟类的寿命

龟类的长寿远非一般动物可比。虽然它们并不像民间所传说的"千年王八万年龟"那样长寿，但最长寿的龟却可以活到100年以上，有些种类还能活130～190年，但也有些种类只能活几十年，甚至更短。人工饲养的龟有活189年的记录。

关于龟的长寿，我国古籍中有很多记载。例如《述异记》说："龟一千年生毛，寿五千岁谓之神龟，寿一万年曰灵龟。"《庄子·秋水篇》载："吾闻楚有神龟，死已三千岁矣。"即使在当今社会，关于捕获千年老龟的消息，也时不时地出现在各大媒体的报道中。

在我国传统文化中，龟一直就是长寿的象征，人们经常用龟龄比喻人之长寿，或与鹤龄结合称"龟龄鹤寿"，以祝人长寿。寿联中也往往用龟鹤入对，如："高龄稔许同龟鹤，瑞世应知有凤毛。"

科学家认为，龟的长寿主要是因为它们行动迟缓，代谢率较低，生理机能进行得十分缓慢，体内消耗的能量较少。一般来说，以植物为食的龟类的寿命一般要比以肉类为食和杂食性龟类的寿命长。龟类的生长速度一般在性成熟之前较快，性成熟之后的生长速度会明显减慢。

龟类雌雄的辨别方法

大多数龟类的雌雄个体在颜色上并没有什么明显的区别，但许多种类雄性的体型比雌性要小。一般雄性的尾部较长，向壳外伸直时，泄殖腔孔距壳较远，另外，雄性的腹甲略有凹陷，有利于交配。只有少数种类雌雄个体的颜色有差别，例如卡罗莱娜箱龟中的一些雄性个体的眼睛为红色，而雌性的眼睛则为黄棕色；还有一种雄性个体有棕色的眼睛和棕褐色的下颌，而雌性个体的眼睛为橙色，下颌部为黄色。在我国分布较为广泛的四眼斑水龟是我国所产的龟类中唯一可以通过颜色来分辨雌雄性别的龟类，成年雄性四眼斑水龟的眼斑为绿色，雌性个体的眼斑为黄色。

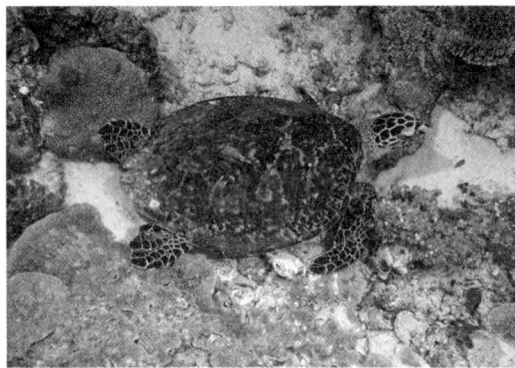

此外，在其他一些种类中，雄性个体也具有一些明显的性别特征，如长有较长的利爪、较尖的鼻子等。

昆虫之谜

蚊子爱叮穿黑衣服的人

蚊子生性喜欢较弱的光线，不适应全暗或亮光的环境。当然，不同种类的蚊子，对光的强弱程度的适应也略有不同。如伊蚊多在白天活动，库蚊和按蚊则多在黄昏或黎明活动。但不管是白天还是夜晚，蚊子都会躲避强光。

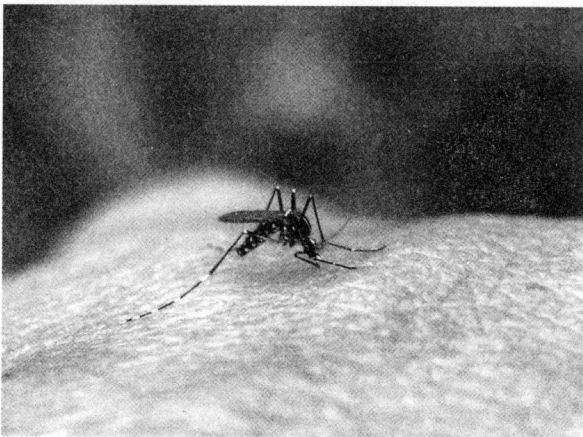

黑衣服几乎能把投射到蚊子身上的光全部吸收，反射光线很弱。这种较暗的光线正是蚊子活动时所需要的。相反，白色的衣服将所有投射到它们身上的光几乎都反射出来而显示出白色，反射出的光比较强，对蚊子有驱避作用。因此，穿黑衣服的人被蚊子叮咬的概率要比穿白衣服的人高。

蝗虫喜欢聚会

科学家经过研究后证实，蝗虫喜欢成群地挤在一起活动。一是因为蝗虫对产卵环境的要求很高，既要土质坚硬，又要湿度适宜，还要有阳光直射，能满足这些条件的地方不多，一旦找到，它们便会集中在这块地上产卵。这便养成了蝗虫的幼虫一出生便会互相靠拢、互相跟随的习惯。二是蝗虫之所以要集体活动，与其生理需求也有关系。蝗虫需要较高的体温来促进和适应活跃的生理机能。当它们成群挤在一起，热量就不易散失，体温也较易保持。

蝗虫所造成的灾害是人类的一场噩梦，蝗虫也是人类与动物打交道的历史中遇到的最大烦恼之一。一个大的蝗虫群可以聚集起几十亿只蝗虫。不难想象，几十亿只蝗虫落在田野里，长得再好的庄稼顷刻间也会像被大火烧过一样，只剩下一片光秃秃的土地。幸好，在5000多种蝗虫中，只有9种蝗虫喜欢集群活动，否则，人类种再多的粮食也不够它们消耗。

蝗虫群飞行的距离和得到的食物数量有关。一个由500万只蝗虫组成的小群体，每天大约只飞行2000米就能填饱肚子。它们遮天蔽日地落到田里，把庄稼吃完了才会去寻找新的食源。大的蝗虫群每天必须飞行20千米，因为它们需要更大面积的粮田。蝗虫群越大，飞行的距离也就越长。在离海岸2000多千米的公海上，有人曾经见到过蝗虫群乌云般地飞过，把太阳完全遮盖住，就像发生了日食。近代史上最大的蝗虫群约出现在100年前，当时大约有5000亿只蝗虫飞过红海。

蝴蝶翅膀鲜艳的原因

　　大部分色彩斑斓的昆虫身体上的颜色都来自皮肤或翅膀下的色囊。蝴蝶身上储藏的"颜料"其实比它们鲜艳的外表要少得多。但它们的翅膀上覆盖着一层层重叠的鳞片，这些鳞片虽然有的有色，有的无色，但一眼望去，特别是在阳光灿烂的时候，蝴蝶的翅膀上却是一片五彩缤纷。原来，只要在一定的条件下，阳光就能把特定的颜色从空气中分离开来。不管是雨后的彩虹，还是喷涌的水柱，或者是油腻水洼的表面，尽管它们本身都是无色的，却会在阳光下呈现出美丽的七色。蝴蝶翅膀上的鳞片在阳光下，也创造了一种奇异的光幻觉。当幻色和真正的颜色交织在一起，蝴蝶的翅膀就变得色彩斑斓了。

彩蝶盛会之谜

彩蝶盛会是毗邻太平洋的墨西哥米却肯州山区的一处自然奇观。每年8~9月,大批彩蝶都会从加拿大南部和美国北部结队迁徙,飞行2 000多千米,来到墨西哥的云杉林越冬。这些彩蝶一般会在次年春天产卵,并孵化下一代。

每年3月,成群的数百万只彩蝶聚集在一起,给参天云杉蒙上了一层淡黄色。彩蝶飞舞,翅膀振动,发出阵阵声浪。这样的美景,吸引了无数观光客。不久,聚会的彩蝶就会向北朝它们的故乡飞去。

这种橙褐色的蝴蝶便是世界上著名的"彩蝶王"。"彩蝶王"季节性聚会后的迁飞现象十分壮观。它们通常在黎明起飞,途中雄蝶会在雌蝶周围围起一道屏障,充当"护花使者"。千百万只彩蝶在碧空长天中,与"流霞"和"飞云"争艳,景象非常壮观。

在我国云南的大理古城,有个驰名中外的"蝴蝶泉"。每年3月,也有大批蝴蝶和飞蛾前来赴会。成千上万只蝴蝶和飞蛾在泉边舞蹈,有的则成双成对排成排,静静地停在泉边的树枝上,煞是好看!

臭虫——猥琐的吸血鬼

臭虫是一类比较常见的昆虫，俗称"壁虱""床虱"，属半翅目臭虫科。虫体呈宽扁的卵圆形，为红棕色，没有翅膀，但有明显的翅基。通常在人类的居室及床榻的缝隙中生长繁殖。

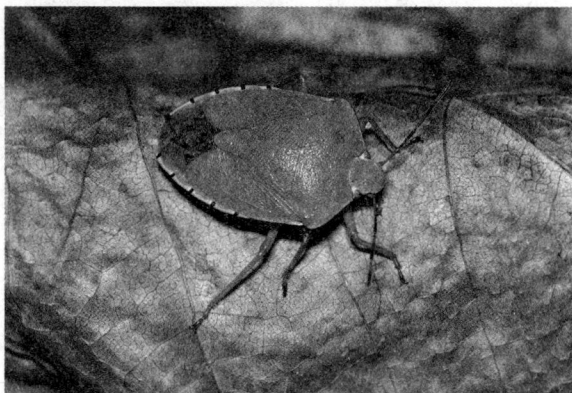

臭虫之所以得了这么个恶名，并不仅仅因为它们的身体会散发臭味，它们中的绝大多数还是危害农作物、果树、蔬菜和森林的害虫。

那么，臭虫的身体为什么会散发出难闻的气味呢？

原来，臭虫的身上有一种特殊的臭腺，臭腺的开口在胸部，位于后胸腹面，靠近中足基节处。当它们受到惊扰时，体内的臭腺就会分泌出有挥发性的臭虫酸，臭虫酸经臭腺孔弥漫到空气中，使四周臭不可闻。臭虫的臭气弹是它们用以自卫和抵御敌害的武器，也是长期适应环境的结果。

一旦遇到敌害的进攻，臭虫就会立即施放臭气进行自卫，使敌害闻到臭味而不敢进犯，自己则乘机逃之夭夭。

成虫耐饥饿的能力很强，一般可耐饥6~7个月，甚至可长达1年之久，臭虫不但能忍饥挨饿，对严寒还有很强的抵御能力。

那么，是什么因素使得臭虫具有如此顽强的生命力呢？

这和臭虫的生活习性有关。臭虫常年生活在床缝、墙缝和家具的缝隙中，夜晚才出来活动，吸食人、鸡、兔等的血液。由于臭虫栖息的场所并没有充足的食物来源，尤其在寒冷的冬季，觅食对于它们来说就更为困难了。久而久之，臭虫的消化系统和生活习性便逐渐适应了这种十分不利的环境，而延续下来。

臭虫在低温条件下的生长速度很慢，甚至停止，生理代谢依靠其活动时期积累的能量维持，以度过漫长的冬季。

当温度变暖时，它们就会开始四处活动。吸食人与动物的血液，进行生长与繁殖。臭虫行动敏捷，不易捕捉，并且喜欢阴暗的环境，怕声响，只要略有响动，它们就会立即爬走并躲藏起来。

据研究，臭虫每分钟能爬行1米以上，因此，当你被咬后开灯想要捉拿它们时，它们早已无影无踪了。但噪声大的地方，它们一般是不会去光顾的。

臭虫吸食人血后，对人体的危害很大，皮肤敏感度较高的人，会出现局部红肿、痛痒难忍等症状。臭虫长期被疑为有传播疾病的可能，虽然用实验方法可使臭虫感染多种病原，但至今尚未证实臭虫能在自然条件下传播疾病。

白蚁不是蚂蚁

　　因为白蚁和蚂蚁同样都是过着集体生活，而且大小相仿，以至人们很容易将白蚁和蚂蚁归为一类，但事实上，白蚁并不是蚂蚁的同类，它们在生物学上一点关系都没有。相反，白蚁和蟑螂倒是比较接近的古老昆虫。它们同样是在3亿年前就出现在了地球上，而且从那时起，它们就已经靠吃木材纤维生活了。

　　蚂蚁的头、胸、腹部的区分很明显，而白蚁的胸部与腹部并无明显的分界，这也是将它们分开的一个主要标志。

　　在热带地区，几乎生活着2 000种白蚁，它们一般都生活在比较阴暗的环境中，常隐匿在巢穴中或者在纵横交错的地下隧道内活动。它们常将巢穴筑在居民的家里、枯树上、土中或用土堆成。在非洲，白蚁用土堆成的巢比人还要高，人们称之为"蚁冢"。蚁冢的壁就像钢铁一样坚固，并且非常舒适，内部有用做空气调节作用的空间。

　　白蚁的集体生活以蚁后和雄蚁为中心，雄蚁和蚁后生活在一起。蚁后因腹部过大而无法自由移动，靠工蚁和兵蚁寻觅食

物来维持生活。蚁后每天可以产下2万~3万粒卵。

工蚁没有眼，以木材为食，它们的肠内有一种原生动物与其共生，叫"鞭毛虫"，可以帮助其消化木材纤维。小工蚁群常聚在一起照顾身体庞大的蚁后，并搬运其产下的卵粒，喂食幼虫。工蚁及雄蚁在巢中相互协作筑巢，工蚁的数量占白蚁群总数的90%。

兵蚁是由一部分雌蚁长成的，小型的雌蚁会变成大型的兵蚁，但也有一开始就长成小型兵蚁的。它们是白蚁巢的卫士，能够阻挡外敌的入侵。但是，它们却总是没办法打败蚂蚁，因为它们被蚂蚁咬到后，全身会因中毒而麻痹。穿山甲、大食蚁兽、土豚、犰狳及土狼都是白蚁的天敌。

白蚁会破坏建筑物中的木材，但在森林中，它们能将枯木分解成土中的营养成分，让其他植物再度吸收，有益于森林的生长。

春天到来时，上百只雌蚁及雄蚁飞到天空中，做"结婚飞行"。"结婚飞行"归来后，雌蚁及雄蚁的翅膀就会脱落，并进行交尾，然后合力组织新的王国。

昆虫冬眠的形式

冬天，气温会大大降低，而且有的地方还经常刮风、下雪，身体弱小的昆虫怎么能够抵挡得了呢？所以，寒冷的冬天一到，昆虫们也就不见了踪影。

除了一部分一年生的昆虫会在冬天死掉，其他大部分昆虫冬天都到哪里去了呢？其实，昆虫也有自己的办法，既然冬天不能出来活动，它们就得想办法冬眠，这是昆虫求生的本能。

不同昆虫的冬眠形式是不一样的。如蝼蛄的成虫秋末冬初在地洞里冬眠；蚜虫、蜉蝣等用幼虫的形态找地方过冬；地老虎等则是用蛹的形态过冬。

各类昆虫不论采取哪一种形式过冬，都必须提前做好准备，先要排出体内的水分，并在体内储存足够的营养，还要选择温暖并且隐蔽的地方。这样，它们才能安全地度过漫长的寒冬。

昆虫扑火之谜

夏天的夜晚，当我们把屋里的灯打开一会儿后，就会有三五成群的小青虫、甲虫，特别是飞蛾朝着灯光处飞来，并且围绕着灯光团团转。当熄灭屋里的灯光，它们就会自动飞走，重新打开灯后，它们又会飞过来。有时，有的昆虫会不小心被撞死或热死，所以有人说："飞蛾扑火，自取灭亡。"

昆虫为什么要扑火呢？原来，这是由它们普遍存在的趋光性所造成的。

不同种类的昆虫是用不同的方法来辨认方向的。有的昆虫依靠食物的方向；有的昆虫依靠同类个体的气味；有的昆虫依靠湿度、温度；有的昆虫在夜间则是利用光线来辨别方向，这就是它们的趋光性。

科学家们经过长期的观察和实验，发现以飞蛾为代表的具有趋光性的昆虫，它们都有一个共同的特点，那就是在夜间飞行时，主要以月光来判定方向。

  飞蛾总是使月光从一个方向投射到它们的眼里。当飞蛾在逃避蝙蝠的追逐或者绕过障碍物转弯以后，它们只要再转一个弯，月光就仍将从原先的方向射过来，它们也就找到了方向，这是一种"天文导航"。

  具有趋光性的飞虫看到某地有灯光时，以为那也是"月光"，便会飞奔而去，并准备借此来辨别方向。可灯光与月光毕竟不一样，月亮因为距离地球非常遥远，飞蛾只要保持同月亮的固定角度，就可以使自己朝一定的方向飞行。飞蛾飞到灯光面前后，也本能地想使自己和光源保持固定的角度，但灯光离它们太近了，于是它们只能绕着灯光团团转，最后要么被烧死，要么活活累死。

动物也有思维

过去，人们认为只有人类才是有思维的，但通过研究发现，动物（包括某些低等动物如蜘蛛、黄鼬、猪、马、兔、鹰等以及高等动物如猴、猩猩、野人等）也具有不同程度的模仿能力和逻辑思维能力。

生活在动物园里的猴子，会用撒尿或抓搔的方法来报复戏弄它们的人；有的猩猩会将动物园中所有关猩猩的笼子打开，放走同伴；还有一些动物会与人类斗智斗勇救自己的幼仔等，这些都是具有逻辑思维的一种表现。野人到农村抢人并将其关在山洞中，白天外出寻找食物时会用大石头将洞口堵死，以防"俘虏"逃跑，晚上回来再搬开。如此等都说明动物确实具有逻辑思维能力。

农民发现田间有黄鼠狼出没，于是就将买来的鲜肉锁在设计好的机关上，晚上布在田里。第二天一早，却发现棒夹全部被翻出了土，肉饵也不翼而飞。然后，农民又买了肉饵，当晚便趴在沟边想看个究竟。到了午夜时分，他们忽然看到十多只黄鼠狼跑来，几只大黄鼠狼从附近抱土块，两只后爪着地，挨个将棒夹砸翻。然后大、小黄鼠狼蜂拥而上，抢食肉饵。

动物有思维、有感情、有语言（动物间的语言），这是不可否认的事实。比如经过训练的海豚可以进行高超的表演。而经训练过的大象可以将人卷起照相，照后又轻轻地将人放下。当奖励给它们食物时，它们还会做出表达谢意的动作。

动物的特殊技能

　　各种动物的五种感官都依自己生活方式的不同而不同，有的感官退化了，而有的感官则进化成了特异功能。

　　鸟类的五官，以视觉的发展最为突出。在天空高飞的鸟，能发现地面上的蜥蜴或甲虫，鸟类的视力比人类的视力要锐利8倍左右。

　　另一方面，追踪狩猎的兽类，视力较差，嗅觉却极为灵敏。比如，狗所看到的世界往往模糊不清，色彩全无，只是一片灰暗，它们不仅近视而且还是色盲，但是猎狗一旦发现了自己的目标，凭着自己无比灵敏的嗅觉就能将猎物捕获。

　　狗的嗅觉器官非常复杂，与人的嗅觉相比，狗的嗅觉器官就好比是一支交响乐队，而人类的嗅觉器官可能只是这个交响乐队中的一种乐器。科学家们经研究发现，一只德国狼狗有2.2亿个嗅觉细胞，而人类只有500万个。实验证明，德国狼狗侦察气味的能力高出人类100万倍。

　　当然，这并不是说人类的嗅觉功能退化了。我们鼻子的敏感程度，其实已经大大超过了现代生活的需要。一般人可以分辨出1万多种不同的气味。实验结果表明，人类一般都能闻到洒在一个大礼堂里的一小滴麝香的气味。

　　在动物世界中，有些动物只能分辨出某一种气味。比如有一种甲虫的蛹专门吃葡萄树根，它们的嗅觉能力很奇特，只能闻到一种气味，那就是葡萄树根所散发出来的气味，它们在寻找食物时只需一心一意地跟从葡萄树根的气味，准能找到自己的目标。

　　每种生物都有自己独特的气味，这种气味是随着呼吸、出汗、排泄等活动从身体上散发出来的。

　　经常在空中生活的生物，无法将气味留在地面上形成踪迹。但是到了求偶季节，蝴蝶可以单凭气味吸引几千里以外的伴侣。雌蝴蝶身上的全部香液加起来也不过才0.001毫克，而它们只要喷出其中的一部分散发到空气中，几千米以外的雄蝶就能嗅到香味。可见，蝴蝶的嗅觉是相当敏锐的。

蝙蝠的回声定位系统更是出神入化。蝙蝠凭着这个系统可以准确地测出飞行途中的食物和障碍物的位置。蝙蝠并非像人们所想象的那样全盲，大多数蝙蝠可以在微弱的光线中看到物体，而在全黑的地方就要靠高频率的尖叫声了。蝙蝠的尖叫声，有些人类能听到，有些则听不到，凭着尖叫声的回音，蝙蝠们就能测出前方障碍物的准确位置。

利用这套回声定位系统，蝙蝠们可以成群出动，但在飞行中却不会相撞。即使是成千上万只蝙蝠一起飞出岩洞，它们也可以凭着自己的回声避开障碍，向前飞行，并且不会被其他同类的声音干扰。

蝙蝠是如何辨别出自己的回声而不受其他蝙蝠回声的干扰的呢? 至今, 这仍是一个谜。科学家们曾经做过一项实验，他们把频率相同，但音量强了2000倍的声音播向蝙蝠群中，试图干扰蝙蝠的回声信号。奇怪的是蝙蝠完全不理会这种外来的声音，而只会接收自己的回声，并且这种干扰对它们来说完全没有影响，科学家们都感到非常惊奇。

北美洲的姬蜂，具有自然界最古怪的听觉系统，它们的"耳朵"长在脚上，主要用来听树蜂幼虫的嚼木声。因为姬蜂的幼虫孵出后，要从树蜂幼虫的体内吸取养料，树蜂的幼虫是适合姬蜂幼虫寄生的唯一宿主。雌姬蜂能够毫厘不差地找到树蜂幼虫的所在，一方面靠嗅觉，另一方面就是靠在树木上来回走动，以便用它们长在脚上的听觉细胞，仔细辨别出树里面树蜂幼虫活动的声音，然后将虫卵产在这些幼虫身上。

动物身上有很多感官都是由一个总机关来控制开关的。例如，蜜蜂首先会受花的香味吸引，它们依照形状和颜色先判断发出香味的是哪些花。一旦采完了蜜，它们便会不自觉地一心一意只奔向一个黑洞——蜂巢的孔。

蜜蜂对于人类看不到的紫外线也很敏感，即使太阳被云遮挡着，它们也能凭

借着对紫外线的感觉判断出太阳的位置，这对它们选择飞行方向极为有利。另一方面，蜜蜂对光谱中某些光线的感觉却很迟钝，它们常常会把红色当成黑色。

青蛙的视觉功能非常实用。它们的视觉只注意与其生存有关的对象，如走进它们视力范围的苍蝇，再比如迎面而来的天敌，其余的则一概不理。

1952年，美国加州大学的神经系统学专家布洛克教授经过细心的观察和别出心裁的实验，发现了动物世界的又一奥秘——响尾蛇有"第三只眼睛"。

布洛克教授用胶布贴住响尾蛇的双眼后，发现它们仍能极其准确地找到它所要捕食的田鼠。它们所用的器官似乎是位于蛇头两侧，在鼻孔和眼之间的两个颊窝内。在颊窝里，布洛克教授发现了一些热敏细胞，这些细胞，使响尾蛇不仅可以在双眼被遮蔽的情况下以及黑夜里找到它们所要猎捕的温血动物，甚至还能根据猎物身体所散发出的热量，获知猎物的大小和形状。

动物也有"方言"

在动物世界里，同一种类的动物都有自己的语言，但在不同地区，它们也有各自不同的"方言"。

美国动物专家经过研究后发现，美国的乌鸦能发出一种特别的警报声，同类的其他乌鸦听到后就会飞走。他们把这种声音录下来，然后对着法国乌鸦反复播放，它们听了非但不飞走，反而还聚拢来，或者是毫无反应。看来，法国乌鸦根本听不懂"外国话"。研究还发现，笼养在两个不同地方的乌鸦也听不懂对方的"地方语言"。

有趣的是，蝼蛄的"语言"也有方言之分。雄性蝼蛄是通过摩擦翅膀来发声的，它们的"语言"主要用来召唤雌性。

蝼蛄是害虫，常咬食禾苗的根和茎。为了消灭蝼蛄，昆虫学家利用高灵敏度的录音机将雄性蝼蛄的声音录下来，等到傍晚时在田野里播放。结果，雌性蝼蛄都纷纷聚拢过来，人们就可以趁机消灭它们。然而意想不到的是，在北京地区录下的雄性蝼蛄的声音能吸引该地区的雌性蝼蛄，拿到河南的田间播放，却毫无效果，原因就在于"方言"不通。

动物也有礼仪

不论哪个国家、哪个民族，都有自己婚丧嫁娶、红白喜事的"风俗"。令人叫绝的是，动物也有"红白喜事"，它们也有自己的"风俗"。1995年10月6日的《旅游导报》报道：动物世界也常常操办"红白喜事"，离奇古怪，妙趣横生。

为了博得对象的好感，雄猕猴在求婚时，总要百般殷勤地献上许多野果作为"聘礼"。若雌猴有意，便开始享用野果，此时雄猴则围着雌猴团团转。

欧洲有一种叫"白头翁"的鸟，雄鸟从远方归来时，常常会给"未婚妻"带来一朵艳丽的鲜花，以示忠诚。

燕鸥在举行婚礼之前，雄燕鸥总要叼着一条小鱼轻轻地放在雌燕鸥身旁。对方收下这份厚礼后，便比翼双飞，结下"秦晋之好"。

西伯利亚的灰鹅保持着奇特的"葬礼风俗"，它们哀叫着伫立在死者跟前，突然"头领"发出一声尖锐的长鸣，顿时大伙便默不作声，一个个脑袋低垂，表达自己深沉的悼念。

北非的沙蚁在每次大战后，便会扛起"阵亡将士"的尸体运往墓穴，并覆上薄薄的一层土，再运来连根的小草"栽种"在墓穴周围，以示悼念。

会变性的动物

生物界中，雌雄互变是一种司空见惯的变性现象。

人类对这种性逆转现象的研究首先是从低等生物的细菌开始的。在人的大肠里寄生着一种杆状细菌，被称为"大肠杆菌"。在电子显微镜下可以发现，大肠杆菌有雌雄之分，雌的呈圆形，雄的则两头尖尖。令人惊奇的是，每当雌雄互相接触时，都会发生奇异的性逆转现象，即雄的变为雌的，雌的会变为雄的。后来，经科学家们研究发现，雌雄互变的媒介是一种叫"性决定素"的东西。当雌雄接触时，它们就会将彼此的"性决定素"互赠给对方，从而改变了彼此的性别。

后来，科学家们又发现，在比细菌高等的生物体上也存在性逆转的现象。比如沙蚕、红鲷、牡蛎、黄鳝、鳟鱼等。有人认为，这些生物的原始生殖组织同时具有两种性别发展的因素，当受到一定条件的刺激时，就能向相应的性别变化。然而，至今人们还无法具体解释这种性别逆转的机制。

沙蚕是一种生长在沿海泥沙中的动物，外表看起来像蜈蚣。当把两条雌沙蚕放在一起时，其中一条就会变为雄性，而另一条则保持不变，但是，如果将它们分别放在两个玻璃瓶中，让它们彼此看得见摸不着，那它们就都变不了。

还有一种"一夫多妻"的红鲷鱼，也具有变性特征。红鲷鱼的首领是一条雄鱼，也是唯一的一条雄鱼。当这条雄鱼死亡或是被人捉走后，用不了多久，剩下的

身体强壮的雌鱼，体色就会变得艳丽起来，鳍会变得又长又大，最终成为一条雄鱼从而取代原来那只雄鱼的位置。若把这一条也捉走，剩余的雌鱼中又会有一条变成雄鱼。但是，如果把一群雌红鲷鱼与雄红鲷鱼分别养在两个玻璃缸中，使它们只能看到彼此，但却没有身体的触碰，那雌鱼群中是不会变出雄鱼来的。如果将两个玻璃缸用木板隔开，使它们互相看不见，雌鱼群中很快就会变出一条雄鱼来。这其中具体的原因还是一个未解之谜。

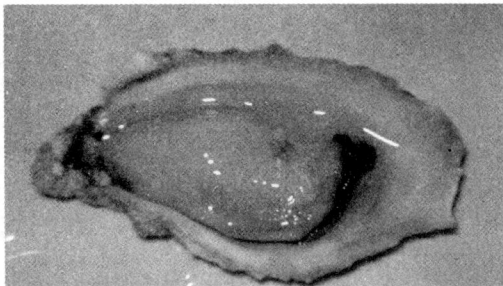

海边岩礁上常见的软体动物——牡蛎，也是一种雌雄性别不定的动物。有一种牡蛎，产卵后会变为雄性，而当其雄性性状衰退后又会变为雌性，一年之中有两次性转变。

黄鳝在"青春时节"十有八九为雌性，产卵之后就会转为雄性，因此，大黄鳝中十有八九是雄性。这其中具体的原因，有待科学家进一步研究。

有人对鱼类的"变性之谜"进行了研究，认为鱼类改变性别的目的主要是为了能够最大限度地繁殖后代，并使个体获得异性刺激。美国犹他大学海洋生物学教授迈克尔认为，在一种雌鱼群或一种雄鱼群中，其中个头较大者几乎垄断了与所有异性交配的机会。这样，当雌鱼较小时能保证其有交配的机会，待到长大变成雄性后，又有更多的繁育机会，与性别不变的同类相比，它们繁育后代的机会就大大增加了。

在从雄性变为雌性的鱼类中，同样也是这个道理。与那些从不变性的鱼类相比，能够变性的鱼类对繁殖后代大有益处。

以上的解释是否适合所有的可以互变性别的动物？这其中又有何奥秘？都还需要进一步探索。

奇特的生物互食之谜

　　棕纹蓝眼斑蝶是蝴蝶的一种，与它们的同类一样，它们在幼年时为毛虫状。确切地说，它们是一种生活在欧石楠树上的幼虫，因为成熟的彩蝶总是将卵产在欧石楠的叶子上，它们知道这种植物的叶子适合自己孩子的口味，因为它们自己也是在那儿出生的。所以当幼虫刚从卵里钻出来，一眼就能看见它们所喜食的树叶，只需张开口，就可以美美地饱餐一顿，而不用到处奔波寻找食物。

　　幼虫在昏睡中完成几次变态后，终于长大了。于是，它离开欧石楠的叶子，跃跃欲试地下到地面，它显然已经不满足于吃"素"了，而是希望进食小昆虫，以便使自己从幼虫变成蝴蝶。刚刚着地，它便行色匆匆地上路了。

　　可是还没走出多远，眼前便出现了一条清扫过的小径，那是一条蚁道。路面不宽，只容得下两只蚂蚁交臂而过。毛虫立即踏上小径，慢慢地向上爬，这时，一只蚂蚁正从小径的另一头沿坡而上，毛虫继续向上爬，逆行的蚂蚁也爬了过来，它们的距离越来越近，二者的比较也越加清晰。与那只小小的蚂蚁相比，毛虫仿佛是一辆大卡车，此刻正与一辆小机动车不期而遇。

　　由于通道狭窄，它们汇合时几乎擦身而过。忽然，小小的蚂蚁伸出尖尖的触须，在毛虫身上轻轻地刺了一下，颇有试探性的意味。毛虫立即表现出在这种情况下所一贯采用的祖传的措施：缩成一团装死。

　　蚂蚁早就料到毛虫会来这一招，它索性爬到蜷缩成一团的毛虫身上，在毛虫的毛和足之间大模大样地穿行，并不时用触须轻刺毛虫的腹部。这一刺，刺得小蚂蚁喜出望外，因为它辨认出这

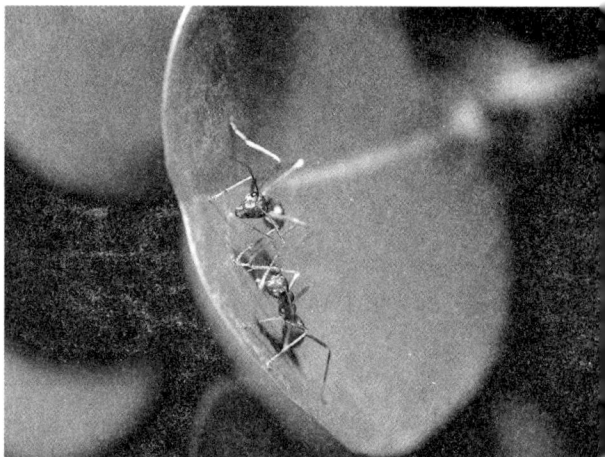

是一只地地道道的棕纹蓝眼斑蝶的幼虫——一只能分泌出令蚂蚁垂涎的甜汁的毛虫。面对这一意外收获，小蚂蚁急不可待地品尝了一口，但它绝不会独食，它必须把这只毛虫拖回去，让大家一起分享。于是，它用上颚咬往毛虫，想把它拖上通道。

然而毛虫实在太重了，小蚂蚁有点力不从心。不过，很快就有一群蚂蚁来帮忙。这群蚂蚁或许只是偶然路过此地，也可能是第一只蚂蚁发出了一股气味召唤它们过来的，因为蚂蚁之间是通过气味来传递信息的。当小蚂蚁发出信息后，别的蚂蚁就会立即赶来，大家同心协力，前拉后推，各尽所能，终于把大毛虫拖回了家。

身躯庞大的毛虫此刻则完全听任这群蚂蚁的摆布，它仍然缩成一团装死，也许它认为这是保护自己的最佳办法。

随之而来的情形让人大开眼界：一窝嗜毒成癖的雄蚁和蚁后一个个趋之若鹜，从四面八方爬上了毛虫的躯体，伸长触须贪婪地吮吸它肚子里的甜汁，就像酒鬼掉进酒窖，禁不住要开怀痛饮一番。然后，一个个心满意足地走了出来。

那么，毛虫的结局又怎样呢？人们都认为，体内的汁液被彻底吸干的毛虫，被蚂蚁监禁在黑漆漆的洞穴里肯定难逃一死了。然而，人们的判断却大错特错。几年前，一位动物学家在察看一个硕大无比的蚁穴时，突然，从里面先后飞出3只蝴蝶，那是几只刚从蛹壳中蜕变出来的蝴蝶，同所有刚蜕变出来的蝴蝶一样，它们首先晾干翅膀，继而舒展双翅，扑棱几下，然后欢快地向空中翩翩而去。惊诧无比的科学家们想方设法逮住了其中的一只蝴蝶，通过仔细观察，发现它竟是一只棕纹蓝眼斑蝶！

这是怎么回事？科学家们决心弄清棕纹蓝眼斑蝶在蚁穴中干什么。他们掘开蚁穴，里面除了在地道里熙来攘往的蚂蚁外，并无他物。既没有蚁卵，也看不见幼蚁，这究竟是怎么回事呢？科学家们的心里打了一串串大大的问号。

原来，当棕纹蓝眼斑蝶的幼虫从欧石楠树上爬下来寻觅食物时，它知道蚂蚁的巢穴里有它所需要的食物——蚂蚁的幼体。于是，它采取了欲擒故纵的措施，有意让蚂蚁将其拖进蚁穴。然而，蚂蚁却能坐视毛虫肆意吞噬它们的孩子——因为此时此刻，它们所关心的只是舔食它们所捕获的"猎物"肚子里那令它们陶醉的甜汁！如此就形成了一种相食相生的生物界奇闻：雄蚁和蚁后因食用棕纹蓝眼斑蝶幼虫的汁液而身强力壮，繁殖力大增；棕纹蓝眼斑蝶幼虫因食用蚂蚁幼虫而得以茁壮

成长。

此后，有人进行了上百次试验，其结果都完全一样。小蚂蚁是如此酷爱棕纹蓝眼斑蝶幼虫身上的甜汁，以致引"狼"入室，置后代子孙于不顾。然而，刚刚离开树叶的棕纹蓝眼斑蝶幼虫又如何能与小蚂蚁不期而遇？它们又何以天生具有这种欺骗手段？这真是生物界的一大奇观。这些耐人寻味的问题仍令科学家们惊叹不已。

动物"自杀"的原因

鲸鱼"自杀"是动物界中典型的自杀现象，同样，昆虫类动物中也有"自杀"事件发生，虽然不是很多，但这些低等动物的"自杀"原因往往更令人不解，蝎子"自杀"就是其中一例。

动物学家发现，无论是在自然条件下还是在实验条件下，蝎子对火都非常害怕。若在野外遇到火，它们就会躲在碎石、树叶下或土洞中不敢出来，要是大火把它们团团围住，它们就会弯起尾钩朝自己的背上猛刺一下，然后便瘫软在地上，抽搐着死去。

有人认为蝎子的这种"自杀"行为是在进化中形成的，是古代蝎子恐火的习性遗传给了后代的缘故。也有人对此提出异议，因为解剖学家和生化学家证明，蝎子并不是死于自己的蝎毒。也有人认为，蝎子天生喜欢在阴暗、潮湿的环境中生活，一旦见到光明，它们便会本能地弯起尾巴，假装自戕而死，这样更有利于保护自己。事实究竟如何？尚待进一步的研究来揭示。

古人说："人为财死，鸟为食亡。"鸟类的死亡似乎与"自杀"行为无关，然而事实并非如此。

很久以前，在一个风雨交加的夜晚，印度北部有一个小村庄，村民们打着火把焦急地寻找一头失踪的水牛，忽然发现大群的鸟儿迎着火光飞来，纷纷落在地上。由于这里粮食不足，村民们经常挨饿，他们便将这些送上门来的鸟儿烹食了。打这以后，每逢刮风下雨的晚上，他们便会打着火把，在院子里坐等飞鸟送上门来。

这种世上罕见的群鸟"自杀"现象已持续将近百年了，没有人知道其中的原因。

近年来，印度动物研究所和阿拉姆邦林业局为了揭开鸟类自杀之谜，在村庄附近设立了一个鸟类观察中心。他们收集到的飞到这个村庄寻死的鸟共有将近20种，不仅有王鸠鸟、啄木鸟、牛背鹭、绿鸠鸟和4种翠鸟，还有许多叫不出名字的鸟。观察中心还在这里修建了鸟类图书馆和饲养场，把飞到这里的鸟弄来饲养。奇怪的是，来寻死的鸟拒绝进食，两三天内便都死亡了。

有人认为这种现象可能与这里的地理位置有关：黑暗、浓云密雾、降雨和强烈的定向风是这些鸟类趋光（即奔向有光的地方)的必不可少的条件。那么这些鸟都是从哪里来的呢？只因趋光，便非得集体与火同尽？那些自寻而来的鸟为何拒绝进食？看来这种解释还不能算是群鸟集体自杀的原因。

动物们到底为什么要"自杀"呢？或许，我们只能等待进一步的科学研究来揭开原因了。

动物尾巴的作用

世界上的动物有上百万种，并且大多数动物都长有尾巴。动物的尾巴不只有各式各样的外形，而且，也有着特别的功能和用处。

大部分鱼类的尾巴就像一台推进器，能推动鱼儿在水中前进，同时又能控制方向，起着舵的作用。

老虎的尾巴则是它们的武器之一，在保护自己安全的同时还能帮助它们捕获猎物。

蜥蜴被敌兽追得无处藏身的时候，就会自断其尾，以分散敌人的注意力，从而逃之夭夭，不久以后，断肢处又会长出一条新的尾巴。很多动物都具有这种肢体再生的能力。

有些动物的尾巴则起着"第5条腿"的作用，借以平衡身体。比如，卷尾猴的尾巴长而有力，具有出众的缠绕能力，还有助于攀爬、倒挂身体等。

最原始的哺乳动物

鸭嘴兽是世界上著名的珍稀动物，产于澳大利亚，是现存最原始的哺乳动物之一。

鸭嘴兽是卵生哺乳类动物，属鸭嘴兽科。嘴扁平突出，状似鸭嘴，身披兽毛，故而得名。由于澳大利亚大约在2亿年以前就与其他大陆分离，孤立于南半球的海洋中，自然条件单一，因此动物演化的速度较为缓慢。鸭嘴兽是至今还保存着原始特征的一种动物，也是澳大利亚独有的珍奇动物。

鸭嘴兽善于游泳，但是它们胆子很小，稍受惊吓，就会立刻潜入水底。当它们在水下潜行大约5分钟后，就会返回水面呼吸，因为它们是哺乳动物，用肺呼吸，所以不能像鱼类那样长时间待在水中。鸭嘴兽的躯体呈扁平的椭圆形，一般体长40~50厘米，成年雄兽可超过50厘米。这种体型在游泳时可减少阻力。它们的腿短而强健，前后脚上都有5个趾，趾间有蹼，游泳时做"桨"用。它们的尾巴扁而宽，几乎为体宽的2/3，游泳时可做"舵"用。它们长着一身稠密的毛，即使长时间待在水中也不会浸湿。鸭嘴兽通常成群在水中游荡，尽情地觅食贝类、小虾、水生昆虫、蚯蚓等小动物。有时它们还会潜入水底，捕食底栖蠕虫。

鸭嘴兽的口腔内侧有个颊囊，与猿猴相似，食物可以暂时贮存在这里，等到装满后，它们就会返回"安乐窝"慢慢

地享用。鸭嘴兽的消化功能特别强，一只体重不足1千克的个体，一天能吃下与自己体重相当的食物。

鸭嘴兽生活在河川沿岸，它们能用坚硬的钩状爪像钉耙一样在河边挖掘几条洞道，并在里面筑起宽敞的窝，在窝里铺上许多干草和树叶。白天它们躲在窝里蜷身大睡，一到傍晚就会下水觅食。

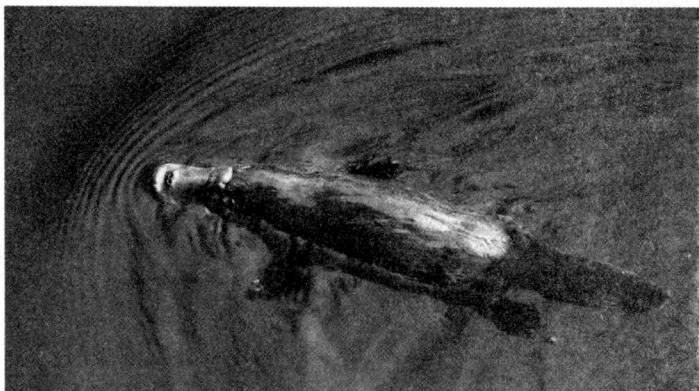

鸭嘴兽的窝有水陆两个出入口：一个在水中，另一个在岸上，十分方便。岸上的洞口隐蔽得十分巧妙，如果在溪边，洞口常常被许多乱石子掩盖着；倘若在河边，那里往往杂草丛生，使人难以发觉。由于鸭嘴兽长时间生活在洞穴中，所以眼睛较小。

每年10月左右是鸭嘴兽的繁殖季节。雌兽每次产1~3枚蛋，蛋的长度不足2厘米。蛋壳较软，半透明，为白色，与乌龟蛋相似。雌兽将产下的蛋放在尾部和腹部之间，然后蜷缩着身体把蛋团团围住，像鸟儿一样伏孵。经过大约2周的时间，仔兽就会破壳而出。刚出世的仔兽只有约3厘米长，眼睛看不见东西，身上没有毛，口内却有牙齿。不过在成长过程中，它们的牙齿会逐渐脱落，因为并没有什么实际作用。刚生下来的仔兽不能独立生活，以雌兽的乳汁为生。大约经过4个月的哺乳期，小兽便开始独立生活，自己到河川里去游泳觅食。

鸟类、昆虫迁飞之谜

秋天，成群的大雁在高空排成整齐的队伍，向着遥远的南方飞去。到了第二年春天，大雁又会沿着原路，准确无误地飞回来。这种依季节变换而变更栖息地的习性，叫作"季节迁飞"。具有这种习性的鸟，叫"候鸟"，像大雁、燕子等都是候鸟。候鸟的迁飞时间、路线几乎每年都是一样的，更奇特的是，有的候鸟，如金丝燕在第二年返回家乡时，还能找到它们往年住过的"老房子"，并在这座"房子"里一代一代地生活下去。

除候鸟外，有些昆虫也有迁飞的习性。美洲有一种外形漂亮且被喻为"百蝶之王"的蝴蝶——君主蝶，每到秋天它们就会成群从北美向南飞行，行程达3000多千米。它们在墨西哥、古巴、巴哈马群岛和加利福尼亚南部过冬，到第二年春天便逐渐向北迁移。它们在途中进行繁殖，产卵后便会死去，孵化出的新一代君主蝶就会重新飞往南方过冬。

为什么有些鸟类和昆虫具有这种迁飞的本领？在迁飞的过程中它们靠什么来确定自己的方向？这些问题是十分有趣和难解的。短距离飞行可以用视觉定向，但是长距离飞行单靠视觉就不够了。

科学家推测，鸟类可能以太阳的位置作为自己辨别方向的依据。如果是这样，那么它们必须补偿因太阳位置移动而引起的那部分时差。因此，科学家认为，候鸟体内可能有一种能够精确计算太阳移位的生物钟，能对白天的时间进行校对。那么夜间它们是如何定向的呢？一个非常合理的推论是：它们利用星星定向。可是没有星星的夜晚，它们仍照飞不误，这又如何解

释呢？因此有人认为，它们有可能利用地球的磁场、气压、偏振光、气味等来定向。

对于蝴蝶的季节性迁飞现象，科学家认为可能和遗传因素有关。对蝴蝶季节性迁飞的研究才刚刚开始，科学家们期待能有更多新的发现。

动物也做梦

燕雀睡着了会梦见什么？那还用说，当然是唱歌。

科学家们经过研究后发现，唱歌对于鸟类来说，的确是一件非常重要的事情。

芝加哥大学的生物学家丹尼尔·马戈利阿什是此项研究的负责人。他在一份声明中说："我们从掌握的资料推测，燕雀在梦中会唱歌。"

为了进行此项研究，马戈利阿什与同事建立了一个可以使他们监测鸟类大脑中单个神经细胞活动的系统。对斑雀的深入研究，使科学家了解到它们唱歌时大脑的哪些部位处于活跃状态。

马戈利阿什说："这个装置可以使我们把电极——一种记录设备放在与鸟的脑神经细胞非常接近的地方，这样就可以记录其活动。"

马戈利阿什说："这个装置必须非常轻巧和微小，使鸟可以正常活动。我们进行的研究尤其困难，因为斑雀必须在笼子里自由自在地活动。"

科学家之所以选择斑雀做实验，是因为这种鸟在笼子里也能健康生活，并能唱出连续、复杂的歌声。

马戈利阿什说："我们在斑雀清醒时进行了记录，当它睡着后，我们向它播放一些声音，然后我们让它在不受干扰的状态下睡眠，这时我们发现它在梦里唱歌。"

除了燕雀外，老鼠也会做梦。

美国《神经杂志》披露，美国马萨诸塞州技术学院的研究者宣布，他们已成功进入了老鼠的梦境,并发现老鼠在梦中也正在拼命动脑筋,试图通过它们白天在实验里被困在其中的迷宫。

动物会做梦这不是新发现,许多养宠物的主人早已知晓并有切身体会。这次重大发现的意义在于:它们能做复杂的梦,而且方式和人类相似,即能重复再现白天的事件,尤其是让它们感到兴奋与困难的事,神经专家们指出,老鼠们是像人一样在梦中学习或记忆的。

麻省技术学院马特·威尔逊教授指出,该发现在神经学方面有着重大的意义:"首先,作为我院学习与记忆中心的负责人,我一直强调,人类已开辟了一条研究梦的新途径,打开了一扇新门。其次,该发现能最终帮助研究工作者搞清,大脑在亚知觉(半清醒)状态时的梦中是如何工作的。"

专家们让老鼠在迷宫内活动,当它们试图夺路而出时,大脑处于高度兴奋的状态,并形成了具有显著特点的脑活动模式。同样,当它们在参与其他活动时,大脑也会形成其他活动模式。

当它们睡着后,专家们在连着它们的设施里,反复看到了它们在走迷宫时所显示出的特殊大脑活动模式,而不是其他模式。由此可以确认,老鼠们正在梦中回忆清醒时走迷宫的情景,并在继续动脑思考走出迷宫的方法。

威尔逊的研究是由美国国家健康学院资助的,该院院长莫斯指出:"通过找到人梦与动物梦的相似之处,科学家们能通过老鼠等进一步研究人脑的活动。比如,有些专家推断人能在梦中解决问题,梦能帮助人们形成并强化长远记忆等,老鼠做梦的研究不仅支持了他们,而且还提供了进一步研究的基础。还有一点也非常重要——有些实验在人身上不好做也不便做,而在老鼠身上则可行,或者说,先在兽类身上实验成功了再在人类身上进行实验、验证。

动物也有癖好

你知道吗? 其实不仅是人类有各种各样的癖好, 动物也有自己的癖好。

动物行为学家用蛎鹬做了这样一个实验: 蛎鹬每窝总是产3个蛋, 如果在它们旁边的巢里放进去5个蛋, 蛎鹬便会离开自己的巢, 挪到有5个蛋的巢里去。银鸥产的蛋比蛎鹬的大, 蛎鹬只要见到银鸥的巢, 就会飞去孵银鸥的蛋, 如果发现更大的, 甚至比它本身还大的蛋时, 尽管孵起来很困难, 蛎鹬也会丢下银鸥的蛋而去孵更大的蛋。

有许多动物都喜欢闪光的物品。它们会把人类的手镯、手表、银勺、金币、小镜子等偷走, 运到自己的巢里或洞里。比如喜鹊、乌鸦、唐鸦、松鸦、花亭鸟以及林鼠、猴子等。其中, 最有趣的是林鼠, 据说, 林鼠在偷了东西以后, 还会在原来的地方放上一些东西, 仿佛是要补偿失主的损失。

动物再生术

有局部再生能力的动物

相对于人类来说，一些低等动物的生命力要顽强得多。当人类想方设法寻找异体移植的可能性时，殊不知很多低等动物却拥有令人惊羡的再生能力。它们不需要从其他同类那里寻找替代物，自身便能重新长出失去的部分，完全恢复受伤之前的状态。

许多人对壁虎的神奇逃生术并不陌生。当壁虎遭遇敌人时，会自动断掉尾巴，趁敌人疑惑之际匆忙逃走。这种出人意料的逃生术使得壁虎得以逃出险境。

人们也许会很纳闷：为什么壁虎要轻易地断掉自己的尾巴呢？其实放弃一条尾巴，对壁虎来说并不是非常重要的事。因为在挽回自己的生命之后不久，壁虎就会重新长出新的尾巴。

与壁虎类似，蜥蜴也具有同样的逃生方法。在它们遭遇危险时，蜥蜴也会自行切断尾巴。断尾虽然已经脱离了身躯，但却还能在短时间内连续不断地抽动，用以迷惑敌人，蜥蜴便会趁机逃走。蜥蜴尾部切口处的肌肉在一瞬间便会收缩、硬化，阻止断口处的血流出来。不久后，硬化处出现了许多具有极强再生能力的细胞，有一种叫作"再生芽"的物质，这种细胞以极快的速度分裂、生长，在短时间内便能长成一条新的尾巴。

除了壁虎和蜥蜴外，螃蟹的身体也同样具有局部再生能力。螃蟹有8只脚，它们十分爱惜自己的脚。只不过这

种爱惜并不是体现在拼命保护每一只脚上。相反，在搏斗中伤到脚的螃蟹，会迅速将自己受伤的脚断掉，断折处马上就会分泌出一种透明的体液覆盖住伤口，伤口也会随之凝固，不久后，断口处就会长出新的脚来。螃蟹以这样的方式，保持了脚的完美无缺。

无论是壁虎、蜥蜴还是螃蟹，它们的再生能力都是局部性的。也就是说，如果断掉的不是脚而是身体的其他部位，它们就无能为力了。

有全身再生能力的动物

动物界中还有一些动物具有惊人的全身再生能力。

这些动物通常更加低级。其中最典型的代表就是蚯蚓，这也是大家最为熟悉的动物之一。蚯蚓生活在土壤和沙地之中，人们常常用它们做钓鱼的诱饵。当你把蚯蚓断成两截，将其中一截用作诱饵之后，你会发现另外剩下的半截躯体并没有死去。相反，在一段时间之后，它们的半截身躯上会重新长出新的躯体，成为一条完整的蚯蚓。如果你做一个简单的试验：将蚯蚓切成两截后保留两截断体，你会发现一条蚯蚓会变为两条。有头的半截会长出尾来，而有尾的半截又会长出头来。可见其再生能力之惊人。

科学家们发现，再生能力最强的动物可能要数一种生活在淡水中的蛆。这种名为"布拉那利亚"的蛆通常生活在淡水河流的河底或湖泊底部。它们的再生能力让科学家们瞠目结舌：它们的每一片肌肉都具有很强的再生能力。哪怕将它们剁成肉酱，它们也不会死去。相反，这些支离破碎的肢体还会重新长成一个个新的完整的躯体。曾经有一位科学家把它们切成了120份，过了几天，这120份残体又变成了120只新的蛆。

动物认亲之谜

动物世界中存在着各种各样的关系，这些关系远比人们想象的要复杂得多。科学家们经过研究发现，在同一种动物中，血缘关系对动物的行为起着重要的作用。一般来说，同一血缘的个体，相互之间都能和睦相处，互助互爱。那么，动物是怎样识别亲属的呢?

气味是身份证

科学家通过实验证明，有些动物会通过气味来分辨亲缘关系。

蜜蜂靠气味来识别自己的亲属。蜂群里有专门的"看门蜂"，由它们控制进入蜂巢的蜜蜂。在一起出生的蜜蜂(一般都是同胞兄弟)可以通行无阻，而其他地方出生的蜜蜂则难以入巢。"看门蜂"的任务，就是对进巢的蜜蜂进行审查，它们以自己的气味为标准，与自己气味相同的放行，不同的则拒之门外。

蚂蚁也是以气味来识别本族成员的。蚁后会给每只工蚁留下气味，有了这种蚁后亲自签发的"身份证"，它们才能自由出入蚁穴，否则就会被咬死。

鱼类身上也有识别外激素。鱼当了父母之后，体表常常会释放出一种被称为"照料外激素"的化学物质，幼鱼嗅到后，便会自动在一定的水域里生活，以利于得到亲鱼的照料和保护。

鸣声辨亲疏

鸟类、蝙蝠等是靠声音来辨别亲疏的。

崖燕大群大群地在一起孵卵，峭壁上会同时挤满几千只葫芦状的鸟巢，看上去密密麻麻的。但是老崖燕却不会认错自己的子女，对它们来说，雏燕的叫声就是最好的识别标志。

在美国西南地区的一些岩洞里，栖息着7000万只无尾蝙蝠。它们的居住地如此拥挤，以致长期以来生物学家们推测，母蝙蝠在喂奶时，不可能只喂自己的亲生子女，而是盲目地喂先飞到自己身边的小蝙蝠。

为了弄清楚这个问题，美国生物学家麦克拉肯和他的助手做了实验。他们从洞里密密麻麻、正在喂奶的800万对蝙蝠中抓走了167对，随后便对每对蝙蝠的血液进行了基因测定。结果发现，约有81%的母蝙蝠喂的都是自己的子女。麦克拉肯带着照明设备在山洞里又进行了仔细的观察，他发现，母蝙蝠在喂奶前，会先发出呼唤的叫声，然后再根据小蝙蝠的回答来判断其是不是自己的子女，并且还要进一步用鼻子嗅嗅，在确认是自己的子女后它们才会喂奶。

一种生存适应

长尾叶猴是一种温和的群居动物，群内成员之间比较团结，很少发生争斗。一般由1~3只成年雄猴为头领，带领25~30只猴子。但如果有一只年轻的雄猴登上了首领的宝座。它就会杀死老猴王留下的所有幼猴。

有些科学家认为，新猴王杀死未断奶的幼猴，是为了更快地得到自己的子孙。因为哺乳动物在哺乳期一般不繁殖，杀死幼猴能促使母猴及早进入繁殖期，从而早日生育新首领的后代。因此，这种杀婴行为对于整个种群来说可能是一种生殖上的进步。这种观点叫"生殖优势"假说。

社会生物学家认为，"同缘相亲"是动物的一种本能，是一种生存适应。但动物终究是动物，它们的生存有一个目标，那就是传播自己的基因。如果崖燕不能认亲，就有可能把辛辛苦苦找来的食物喂给别的幼鸟吃，而让自己的孩子饿肚子。新猴王要咬死老猴王的后代，也是因为这些小猴不会有新猴王的基因。

动物杀婴之谜

　　动物都有护幼的天性，我们经常能看到这样的情景：一只母鸡带着一群小鸡在觅食，一旦遇到危险，母鸡就会把小鸡拢在自己的羽翼下。再凶残的动物似乎也不会去伤害同类的幼体，俗话说"虎毒不食子"，但是偏偏有不少动物就喜欢扼杀同类的幼崽，从灵长类、食肉类、啮齿类到鸟类、鱼类，这种情况都有发生。猴子、猩猩和狒狒经常杀婴，有人对一场发生在动物园的打斗作了这样的描写："1997年9月，一只成年雄猴被引入有2只成年雌猴和1只幼猴的笼子里，其中一只雌猴怀抱幼猴。几天后，雄猴开始与2只雌猴交配，但幼猴的处境却十分不妙，因为雄猴频繁地向它发起进攻。一天，3只猴子突然扭打在一起，当时那只幼猴还悬挂在母亲的腹部。继而，2只雌猴疯狂地追赶和撕咬雄猴，而雄猴则四处逃窜。随后，只见幼猴独自挂在笼子的铁栅栏上，后肢无力地悬垂着。原来，雄猴已经将幼猴杀死了。幼猴的妈妈迅速跑过来将它抱在怀里。整个杀婴过程不到1分钟，饲养员们都惊呆了，随后人们急忙将婴猴抢救出笼舍，发现它的腰部已被咬断。尽管饲养员们迅速给它缝合伤口、注射抗生素，但还是没能将其救活。"

　　近20年来，野外工作取得的资料表明，动物杀婴的死亡率远远高于人类对其的捕杀，甚至高于因战争造成的死亡率。因此，近10年来，围绕动物杀婴的原因，不仅自然科学界进行了深入研究，就连人文科学的研究也把这个现象与人类的社会心理和社会行为联系起来了。动物学家、社会生物学家、人类学家就此展开了激烈的争论。

　　以美国人类学家多希诺为代表的学者们认为，由于动物繁殖过多，为了减少对食物的竞争，才会出现这种杀婴现象。支持这种说法的证据有：在种群密度很高的猴子中确实有杀婴现象。因为实验室空间狭窄，母鼠也常咬死刚生下来的幼鼠；姬鼠会咬死还在吃奶的病弱幼体；黑鹰会啄死孵出的第二只雏鸟。有人将这种杀婴行为比做一种残忍而不经济的节育措施。纽约动物学会的汤姆·斯特鲁萨克等则不同意这种观点，因为他们曾在乌干达的基倍勒森林中目睹了一种猴子在未受惊扰

且种群密度不高的情况下发生了杀婴现象。

日本京都大学的动物学家杉山、美国人类生物学家联合会的一些科学家、卡里索克研究中心的迪安·福西等提出了一种生殖优性假说，即"优胜劣汰说"。杉山曾长期研究灰长尾叶猴的野外生活。长尾叶猴历来被认为是一种温和的社群动物，种群间很少发生争斗。它们过着群体生活，一般由1~3只成年雄猴充当头领，领导20~30只猴子。当一只年轻的雄猴登上首领宝座时，就会杀死几乎所有未断奶的幼猴。通常这种杀婴行为都是由雄性动物在短期内进行的。比如雄鼠与雌鼠交配15天后就会停止杀婴，大概是为了防止误杀自己的后代。

但这种说法也存在漏洞。比如兔、绒鼠、袋鼠、黄麂等，产后即可发情，它们为什么也要杀死自己的幼婴呢？还有一些动物，即使在它们有了后代以后也不会停止杀婴，这又是怎么回事呢？对于雌性动物杀婴以及鸟类、鱼类中的杀婴现象，"优胜劣汰说"就无法解释了。

看来，要想对动物的杀婴行为做出圆满的解释，还有待进一步研究。

动物复仇之谜

猴子复仇

在我国四川省峨眉山，生活着一群活蹦乱跳的野生猴子。有一天，一个小伙子抓着一把花生逗猴子玩。一只猴子连着跳了几下，小伙子却一颗花生也没有给它。猴子急了，猛地跳上去抓破了小伙子的手，花生也撒了一地。小伙子恼羞成怒，顺手抄起一根木棍向正在吃花生的那只猴子横扫过去。猴子被打得"吱吱"乱叫，拖着受伤的腿逃进了树林。它的腿被打断了，成了一只跛猴。

转眼到了第二年，那个打猴的小伙子又来了。当他走到仙峰寺的时候，看到路中间坐着一只猴子，正在向来往的游人要吃的。这只猴子就是去年被小伙子打伤的那只，它一眼就认出了自己的仇人，急忙一瘸一拐地躲到了一边。

当小伙子从它旁边走过的时候，它冷不防扑了上去，狠狠地咬了小伙子一口，疼得他"哇哇"直叫，腿被咬得鲜血直流。他转身一看，那只猴子已经上了树，正向他做鬼脸呢。打猴的小伙子这才恍然大悟，原来猴子是来报复他的。

在重庆动物园里，也曾发生过猴子复仇的事。有一只金丝猴王，它认为自己的血统高贵，所以脾气格外暴躁，动不动就会将饲养员咬伤。有一次，饲养员送食物慢了点儿，猴王就跑过来抓破了饲养员的手。饲养员为了惩罚它，就拿起竹条，在它的屁股上狠狠抽了几下，猴王把这件事默默地记在了心里。

过了几天，这位饲养员被调走了。半年以后，他回到动物园看望饲养过的金丝猴。没想到，猴王从人群里认出了打过它的饲养员，它想报复，但一时又找不到东西，就拉下一个粪团，向饲养员的头上扔了过去。

猫头鹰复仇

一天，一只猫头鹰一反常态，在白天袭击了一户人家。原来，今年有一对猫头鹰选择了在张家墙壁上的洞穴栖居，并在这里生蛋孵雏。这家8岁的儿子张涛与几个小孩儿一起掏空了猫头鹰的洞穴，张涛还带了一只雏鹰回家。猫头鹰四处寻找，终于在张家发现了自己的幼雏。于是，它整天守候在张家稻场边的树上，伺机报复。5月17日清晨，当张家的男主人上班时，便遭到那只猫头鹰的含恨报复。经医院检查，他的右眼角膜穿孔，视力已无法恢复。

空军某机场也发生了一件类似的事。一名战士抓住了一只刚刚出窝的小猫头鹰，他在玩耍时不慎将小猫头鹰摔死了。从此，整个机场的人都开始倒霉了。每年春季都会有两只猫头鹰来到机场开始在夜里伺机伤人，用鹰爪专抓人的眼睛和面部。两年中，遭到报复的机场干部、战士、家属及附近的群众已达百余人次。这事在机场引起了人们的不安与恐慌，但又无计可施。

显而易见，这两只猫头鹰就是小猫头鹰的父母，它们对人类害死自己的孩子耿

耿于怀，并时刻牢记着"复仇"。

眼镜蛇复仇

　　1990年6月26日，在孟加拉国南部的一个村子里发生了一件群蛇袭击农民住宅的怪事。原来，在7天前，这个村子里有个农民在家中发现了一条眼镜蛇，他马上拿起木棍将其打伤了，农民本想将它打死，可是没打着，眼镜蛇逃跑了。不久后，许多条蛇成群结队来到这个农民家里进行报复。无奈之下，农民全家被迫搬走了。

骆驼复仇

　　在沙特阿拉伯，有个油坊老板养了一头老骆驼。有一次，老板做生意赔了本钱，满肚子怨气，回到家就用鞭子抽打骆驼出气。几个月后的一天夜里，那头挨打的骆驼走出骆驼棚，悄悄来到主人的帐篷外，站了一会儿后，就突然冲进帐篷，向主人的床铺扑去，幸好当时油坊老板不在家。老骆驼愤怒极了，就把主人的被子撕咬成了碎片，还把主人用的餐具踏得粉碎，这才心满意足地走了。

　　动物的报复心理是怎样产生的？它们的报复行为又怎么解释呢？直到现在，人们还没有找到一个圆满的解释，有待于科学家们进一步研究和探索。

　　虽然并不是所有的兽类、禽类都有"报复心理"，但以上事例也应当使每一个人引以为戒。善待动物，善待它们和它们的生存环境，就是善待我们自己。

动物自卫之谜

　　在我们生活的地球上，生存着100多万种动物，在弱肉强食的动物界，为了逃避敌害、保护自己，动物们都有一套奇妙的自卫本领，说来真是妙趣横生。有许多动物是以自残身体的方式来达到自我保护的目的，如蜥蜴、壁虎等；有的则用装死来进行自卫，如诡计多端的狐狸被猎人捉到时，就会伪装停止呼吸，趁猎人不注意时逃跑；有的则散发毒气来进行自卫，如机灵狡猾的黄鼠狼。对于动物们的自卫行为，人们仍然迷惑不解。比如在海洋中生活的一种叫"海兔"的动物，它们的自卫行为就很让人费解。

海兔长着两个兔子耳朵似的触角，其形体也与兔子十分相像，但其实它们是一种软体动物，与蛤蜊是同一种类，只不过它们的贝壳已经退化成了一片薄薄的而又透明的角质层了。别看它们体型不大，却有着很强的自卫能力，有"海中变色龙"之称。它们能根据周围的环境来改变自己身体的颜色，如果它们吃了红藻，身体就会变成玫瑰红色；如果吃了海带，身体就会变成褐色；如果吃了墨角藻，身体又会变成棕绿色。

除此之外，它们还有另外一套御敌的方法，那就是它们身上有两种腺体：一种叫"紫色腺"，能分泌出紫红色的液体，将周围的海水变成紫色，以此作掩护来逃避敌害；另一种是毒腺，当它们受到刺激时，能分泌出一种略带酸味的乳状液体，这种液体的气味可以使对方感到恶心，借以保护自己。海兔为什么能随着周围环境的改变而变换体色呢？为什么能分泌出保护自己的液体？这些问题都有待于进一步探索。

还有一种生活在陆地上的甲虫，靠释放一种毒气来保护自己，人们给它们起了一个十分有趣的名字——"屁弹甲虫"。它们释放出的气体刺激性很强，能使人头晕、鼻酸，甚至流泪，更可以令蚂蚁、青蛙、螳螂、老鼠等动物望而生畏。每当屁弹甲虫遇到敌害或抢夺食物时，它们就会将两只后腿往地上一撑，然后用腹部对准敌人连放数炮，轻而易举地把敌人赶跑。

科学家们经研究后发现，这种甲虫的体内有一种特殊的防御器官，由特殊的组织和腺体组成。其中有一个收集囊，能够把分泌出来的反应物——氢醌收集起来，然后排入爆炸腔。爆炸腔也是一个囊状物，当有反应物排入时，其酶腺立即就会分泌过氧化氢，然后又把过氧化氢分解为水和氧，过氧化氢就能把氢醌变为有毒的苯醌。当遇到危险时，它们便把"炮口"对准对方，一连数炮，必获全胜。

屁弹甲虫的化学武器真厉害！当然，它们本身并不会受到伤害。有人认为，它们体内收集囊的内表面有一层十分坚韧的衬膜，足以抵挡化学毒素的侵袭。也有人认为，这种毒素在细胞内浓度很低，常常是无毒的，只有往外排放时，才会变成有毒的物质，因此它们本身并不会受到伤害。到底谁的说法是正确的呢？目前还没有一致的答案。

神奇的动物预言

　　动物与人的差距就是动物缺乏人的高级思维活动，不能用语言、文字等方法表达自身的想法和愿望。但如果有人告诉你，动物也掌握了高级思维动物——人类的语言，你会相信吗? 下面有两个例子，带你感受神奇的动物预言。

　　有一只名叫"莲娜"的5岁大的黑猩猩它不但能了解语言，还能将其加以运用和创造，它利用经过改造的英语通过电脑和人交谈，一项令人惊叹的动物语言实验，使人类独有语言能力的观念发生了动摇。主持这项实验计划的是一位态度严谨的心理学家——46岁的伦波，他说这只黑猩猩的能力已经超越

了人们的预料。

80年前有些专家曾试图教猩猩讲话，教它们用嘴作不同的形状来学习发音，但它们都无法达到要求，生理学家认为可能是因为它们的声带结构异于人类，不能模仿人类语言中的许多发音。

但是莲娜不但可以用机器回答人的问话，还能发明一些新句子，让人惊叹不已。一天，添姆拿了一个黄橙，莲娜看见了也想吃，可是电脑的键盘上没有代表橙的符号，莲娜懂得各种颜色的字，也知道苹果的代表符号，于是它表达出了这样的问句：

"添姆，给我橙黄色的苹果。"

莲娜学习语言的奥秘，令科学家们倍感惊奇，也产生了浓厚的兴趣。

狗也会和人类对话，你一定不信，但却确有此事！

美国罗得岛有一只天才般的狗叫"克利斯"，从某大学来的两位数学家用计算机要10分钟才能解出的题目，它仅用4分钟就能回答出正确答案。

这只天才狗由詹里伍兹饲养，他训练它去数数字，在短短的一个月内它就能数到百万位，而且不久又很快学会了平方根和立方根。更奇妙的是它能和人聊天，有个客人以开玩笑的口吻问它对猫的评价，它告诉客人说："猫都是一群大笨蛋！"

在人们跟它所做的种种谈话中，断定它有"预言"的能力，在它有生以来所做的预言有5 000多次命中的记录。

"我将于1962年6月10日死去！"有天它这样预言自己的死期。

可是这次的预言并没有完全命中，因为克利斯因为心脏病突发死于1962年6月9日，狗何以有如此高的天分，生物学家也一直无法解答。

动物鼓气的奥秘

在一望无际的大西洋里生活着一种叫"海刺猬"的海洋动物。它们浑身长满长刺，平时，这些刺都紧贴在身上，可一旦遇到危急情况，它们就会齐刷刷地竖立起来，像一根根钢针，异常锋利。有一种斜齿鲨十分凶猛，经常以海刺猬为食，有时斜齿鲨一次竟能吞下10只海刺猬。但与此同时，灾难也一同降临了。海刺猬被鲨鱼吞进肚子里以后并没有死，而是施展出它们神奇的"气功"，使身上的每一根刺都竖立了起来，在鲨鱼胃里"四面出击"，直到把鲨鱼的肚子刺破，最后，斜齿鲨却反而成了海刺猬的美味佳肴。

除了海洋动物以外，有些陆地动物也是了不起的"气功大师"。

有一种生活在西班牙马德里地区的绿色"气功蛇"，它们的功夫极高。夏天天气变热，"气功蛇"喜欢到空旷

的平地乘凉。有时候，它们会从草丛里爬到光滑的马路上，却不用担心生命受到威胁。当载重汽车即将到来时，它们能在很远的地方通过地面的颤动感觉到，但它们并不会立即爬走逃命，而是迅速将肚里贮气囊的气体输送到全身，让汽车从自己身上压过。然后，这位"气功大师"才慢慢地爬走。

在非洲的赞比亚，有一种叫"拱桥鼠"的动物被当地的土著居民称为"气功专家"。当人用脚踩它们时，它们会将脊背拱起，使锁骨抵在地上，施展出它们特有的"硬气功"，使身体看起来像一座拱桥。拱桥鼠可以承受相当于自己体重100多倍的物体却仍安然无恙。比如，当一个重60千克的人踩在大约500多克重的拱桥鼠上身上时，它一点事都没有。可能是因为正在运气的原因，即使使劲儿用脚踩它，它也能挺住。直到人把脚抬起来，拱桥鼠才会溜之大吉。猫如果遇到这些会气功的老鼠，恐怕也只能"望鼠兴叹"了。

由此可见，动物们在自然界"优胜劣汰，适者生存"的法则作用下，在长期的生存竞争中，的确练就了很多神奇而又有趣的本领，比如上面讲的"鼓气神功"。但这种神秘的"鼓气功"究竟包含了怎样的奥秘，却仍是生物学家们不能尽解的谜。

动物是"活"的地震仪

2006年12月26日晚上8时26分，我国台湾地区屏东县恒春镇发生里氏6.7级地震，造成了严重的经济财产损失，气象局副局长辛再勤表示，这次地震是这个区域百年来的最大纪录。为了减少灾后的损失，灾前的预防工作显得尤为重要，而这种震前预测不止当前的高科技能够做到，有些动物就是"活"的地震仪，它们的预测有时候甚至比仪器还准。

地震是自然界的一大灾害。我国处于太平洋西岸的亚洲大陆，是一个地震发生频率较高的国家，在抗震救灾中人们积累了非常宝贵的经验，专家们观察近60种动物在震前的异常反应，编成了许多谚语，现举云南一例：

动物王国探秘

震前动物有前兆，人民战争要打好。

牛羊骡马不进圈，老鼠搬家往外逃。

鸡飞上树猪拱圈，鸭不下水狗狂叫。

麻蛇冬眠早出洞，鸽子惊飞不回巢。

兔子竖耳蹦又撞，鱼儿惊惶水面跳。

家家户户都观察，综合异常作预报。

地震研究专家们曾在河北省邢台市观察到一些动物在震前的异常行为，如1968年7月25日河北省宁晋县小留村发生4.8级地震前，几种动物的异常行为，3个动物观察点的鸽、猫、黄鳝、泥鳅在震前一天之内，都出现了异常行为。同时，基线和形变电阻率的异常也同步出现，并且都在峰值时发震。由此看来，震前动物的异常行为并不是孤立出现的，而是伴随其他某些因素共同出现的。

动物在长期的进化过程中练就了许多比人类还要灵敏的奇特本领，如对地磁、地光、地电、地声、地温等的感觉比人类还要灵敏，所以在地震（尤其是较大地震）前有这样或那样的异常行为或反应并逃离地震灾难的险境，这都是很正常的。但是，动物的这些异常行为大多不是地震前所特有的，有时在与地震无关的因素如生活环境的改变、疾病等的影响下，也会产生类似现象，这样就给科学家们在震前对其异常行为的观察带来了很多误解。因此，我们在观察震前动物的异常行为时，要排除一些无关因素的影响，找出真实原因，这样才能做好及时的准备。

动物在地震前的异常行为给了人们许多启示，现今，科学家们在研究一些动物在地震前具有不同反应的原因，相信在不久的将来，比现有地震工作中所使用的各种测量仪器还要灵敏的生物地震预报仪一定会问世。